专用于国家职业技能鉴定

国家职业资格培训教程

乏燃料后处理萃取操作工

（基础知识）

中国核工业集团有限公司人力资源部
中国原子能工业有限公司
组织编写

中国原子能出版社

图书在版编目(CIP)数据

乏燃料后处理萃取操作工. 基础知识 / 中国核工业集团有限公司人力资源部，中国原子能工业有限公司组织编写. —北京：中国原子能出版社，2020.6
国家职业资格培训教程
ISBN 978-7-5221-0588-8

Ⅰ. ①乏… Ⅱ. ①中…②中… Ⅲ. ①核燃料后处理-技术培训-教材 Ⅳ. ①TL24

中国版本图书馆 CIP 数据核字(2020)第 091155 号

乏燃料后处理萃取操作工(基础知识)

出版发行 中国原子能出版社(北京市海淀区阜成路 43 号 100048)
责任编辑 刘 岩
责任校对 冯莲凤
责任印制 潘玉玲
印　　刷 保定市中画美凯印刷有限公司
经　　销 全国新华书店
开　　本 787 mm×1092 mm 1/16
印　　张 6.375
字　　数 159 千字
版　　次 2020 年 6 月第 1 版 2020 年 6 月第 1 次印刷
书　　号 ISBN 978-7-5221-0588-8 **定 价 39.00 元**

网址:http://www.aep.com.cn **E-mail:atomep123@126.com**
发行电话:010-68452845

国家职业资格培训教程

乏燃料后处理萃取操作工
（基础知识）

编审委员会

前　　言

为推动核行业特有职业技能培训和职业技能鉴定工作的开展，在核行业特有职业从业人员中推行国家职业资格证书制度，在人力资源和社会保障部的指导下，中国核工业集团有限公司人力资源部组织有关专家编写了《国家职业资格培训教程——乏燃料后处理萃取操作工》（以下简称《教程》）。

《教程》以国家职业标准为依据，内容上力求体现"以职业活动为导向，以职业技能为核心"的指导思想，紧密结合实际工作需要，注重突出职业培训特色；结构上针对本职业的职业活动的领域，按照模块化的方式，分为初级、中级、高级、技师、高级技师五个等级进行编写的。《教程》中的章对应于职业标准的"职业功能"，节对应"工作内容"；每节包括"学习目标""级联操作""工艺操作"及"自检"等单元，涵盖了职业标准中的"技能要求"和"相关知识"的基本内容。此外，针对职业标准中的"基本要求"，还专门编写了《乏燃料后处理萃取操作工（基础知识）》一书，内容涉及：职业道德、专业基础知识、安全文明生产与环境保护知识、质量管理知识和相关法律、法规知识等。

《教程》适用于乏燃料后处理萃取操作工的初级、中级、高级、技师、高级技师培训，是乏燃料后处理萃取操作工职业技能鉴定的指定辅导用书。中核四〇四有限公司承担了本《教程》的编写工作。

由于编者水平有限，时间仓促，加之科学技术的发展，教材中不足与错误之处在所难免，欢迎提出宝贵意见和建议。

中国核工业集团有限公司人力资源部
中国原子能工业有限公司

目　　录

第一章　职业道德

学习目标：通过学习职业道德基本知识和掌握职业道德基本规范，核反应堆运行值班员应树立良好的职业道德观念。

第一节　什么是职业道德

一、职业道德基本概念

职业道德是社会道德要求在职业行为和职业关系中的具体体现，是整个社会道德生活的重要组成部分。职业道德就是从事一定职业的人们在工作或劳动过程中所应该遵守的、与其职业活动紧密联系的道德规范和原则的总和。职业道德的内容很丰富，它包括职业道德意识、职业道德行为规范，以及职业道德培养、职业道德品质等内容。

职业道德反映着某种职业的特殊要求。它是人们履行本职工作的时候，从思想到行动应该遵守的准则，同时也是各个行业在道德方面对社会应尽的责任和义务。乏燃料后处理萃取操作工职业道德是指从事本职业的人员在完成性能测试及有关的各项劳动过程中，从思想到工作行为所必须遵守的劳动的道德规范和行为准则。

二、职业道德的意义

1. 有利于推动社会主义物质文明和精神文明建设

从事职业活动的人们自觉遵守职业道德，将规范人们的职业活动和行为，可以极大程度地推动整个社会的物质创造活动。同时，良好的职业道德创造良好的社会秩序，提高人们的思想境界，为树立社会良好的道德风尚奠定了坚实基础，促进了社会主义精神文明建设。

2. 有利于行业、企业建设和发展

行业的从业人员遵守职业道德，对未来的发展影响巨大。不断提高行业的道德标准，将是行业自身建设和发展的客观要求。促进企业经营管理、提高经济效益需要充分发挥企业中每个职工的劳动积极性、能动性。这要求广大职工自觉遵守职业道德，从思想和行动上全身心投入工作当中，产生对企业的凝聚力和推动力。职业道德还可以保障企业的发展按照正常的轨道前进，使企业获得良好的经济效益和社会效益。

3. 有利于个人的提高和发展

从业人员应该树立良好的职业道德，遵守职业守则，安心本职工作，勤奋钻研本职业务，才能提高自身的职业能力和素质。在市场经济条件下，高素质的劳动者向高效益的企业流动，是社会发展的必然趋势。只有树立良好的职业道德，不断提高职业技能，劳动者才能够在劳动市场优胜劣汰的竞争中立于不败之地。

三、职业道德的特点

1. 职业道德是社会主义道德体系的重要组成部分

由于每个人的职业与人民、国家、社会主义的利益密切相关;每个工作岗位、每一次职业行为,都包含着如何处理个人与国家、个人与集体的问题,因此,职业道德是社会主义道德体系的重要组成部分。

2. 职业道德的重要内容是树立全新的社会主义劳动态度

职业道德的本质就是在社会主义市场经济条件下,鼓励每个劳动者通过诚实的劳动,在改善自己生活的同时,为增进社会共同利益而劳动,为建设国家而劳动。劳动既是为个人谋生,也是为社会服务,劳动的双重含义产生了全新的劳动态度,具有崇高的职业道德价值。

四、职业道德的基本规范

1. 爱岗敬业,忠于职守

任何一种道德都从一定的社会责任出发。在个人履行对社会责任的过程中,培养相应的社会责任感,从长期的良好行为和规范中建立起个人的道德。因此,职业道德首先要从爱岗敬业、忠于职守的职业行为规范开始。爱岗敬业就是提倡“干一行,爱一行”的精神。忠于职守,就是要求把自己职业范围内的工作做好,符合质量标准和规范要求,能够完成应承担的任务。

2. 诚实守信,办事公道

信誉是企业在市场经济中赖以生存的重要依据,而良好的产品质量和服务是企业信誉的基础。企业的员工必须在职业活动中以诚实守信的职业态度,为企业、社会创造优质的产品,提供优质的服务。办事公道是指在利益关系中正确地处理好国家、企业、职工个人、他人(消费者)的利益关系。要始终以国家、人民的利益为最高原则,以社会主义事业利益为最高原则,不徇私情,不谋私利,维护国家、人民的利益。在工作中,要以处理好企业和个人的利益关系,做到个人服从集体,保证个人利益和集体利益相统一。

3. 服务群众,奉献社会

在社会主义社会,每个人都有权力享受他人的职业服务,同时每个人也都承担为他人提供职业服务、为社会做贡献的义务。企业就是在为社会、为大众努力创造丰富的物质环境,提供优质的产品和服务,而企业中工作的每个人从事的工作也是为这个目标努力。

4. 遵纪守法,廉洁奉公

法律法规、政策和各种规章制度,都是按照事物发展规律制定出来的约束人的行为规范。从事职业活动的人,既要遵守国家的法律法规和政策,又要自觉遵守了职业活动、行为有关的制度和纪律,如劳动纪律、安全操作规程等,才能很好地履行岗位职责,完成企业分派的任务。廉洁奉公强调的是要求从业人员公私分明,不损害国家和集体的利益,不在自己的工作岗位上谋取私利。这是每个人应该具备的基本道德品质。

第二节 职业守则

一、乏燃料后处理萃取操作工的职业规范

乏燃料后处理萃取操作工的职业规范：热爱本职、尽职尽责；钻研业务、精益求精；团结协作、互敬互学；艰苦奋斗、勤俭节约；遵纪守法、执行政策；公正廉洁、不徇私情；讲究礼貌、举止文明。

二、乏燃料后处理萃取操作工的职业守则

1. 遵守国家法律、法规和各项规章制度。
2. 敬业爱岗，忠于职守，实事求是，不弄虚作假。
3. 工作精益求精，不断钻研业务，学习新技术、新知识。
4. 重视安全、环保，坚持文明生产，爱护检测设备。

第二章　专业基础知识

学习目标：通过对专业基础知识的学习，能够掌握作为一个乏燃料后处理萃取操作工应具备专业基础知识，为进一步学习专业技能知识打下良好的基础。

第一节　乏燃料的基本物理、化学性质

一、乏燃料的性质和特点

乏燃料是指在核反应堆中，辐照达到计划卸料的比燃耗后从堆中卸出，且不再在该堆中使用的核燃料。对反应堆中用过的核燃料所进行的化学处理，以除去裂变产物等杂质并回收易裂变核素和可转换核素以及一些其他可利用物质的过程，称为乏燃料后处理。

随着核电工业的发展，动力堆乏燃料后处理的重要性与日俱增。和生产堆乏燃料相比，动力堆乏燃料的不同特点主要表现在以下几方面。

1. 燃料富集度较高

生产堆燃料一般使用铝壳天然铀元件，而动力堆燃料绝大多数使用富集度为2%～5%的低富集铀，并用锆合金或不锈钢作包壳材料。

2. 乏燃料的比活度高

生产堆乏燃料由于受^{240}Pu含量的限制，一般的燃耗只有几百 MW·d/t；而动力堆乏燃料的燃耗高达几千至几万 MW·d/t。由此带来动力堆乏燃料的比活度要比生产堆高得多，即使冷却150 d后，每千克铀的放射性活度仍达几千万 MBq。

3. 钚镎等超铀元素的含量高

由于动力堆的高比功率和高燃耗，使乏燃料中钚、镎、镅、锔等超铀元素的含量增加。比如，生产堆乏燃料中的钚的含量仅为0.2～0.6 kg/t，而轻水堆（主要的动力堆型）乏燃料中的钚的含量却比它高10倍以上，达到8～10 kg/t；除钚以外的超铀元素含量，前者约为0.002 kg/t，而后者却高达1 kg/t(U)左右。

4. 裂片元素的相对组成发生变化

动力堆乏燃料与生产堆乏燃料相比，不但裂片元素的总量大大增加，而且各裂片元素相对组成也发生了变化。比如，钌的相对含量增高，氚的含量达到在废气处理中必须认真考虑的程度等。

二、乏燃料后处理的特点与任务

1. 乏燃料后处理的特点

乏燃料后处理是一种放射化工过程，具有与一般化工过程不同的显著特点。

（1）有临界事故的危险

在后处理过程中，有相当数量的易裂变核素存在因而有发生临界事故的危险。一旦出现这种事故，即使不是发生爆炸，仅其产生的强中子和 γ 辐射以及放射性物质的扩散，也会造成严重的后果。因此要采取充分的安全措施以防止发生临界事故。

常用的方法有限制易裂变物质的质量、浓度，限制工艺设备系统的尺寸和使用能大量吸收中子的中子毒物等。

（2）强放射性

辐照核燃料在后处理前虽然经过一段时间的放置，但在后处理时仍具有很强的放射性。因此，后处理过程必须要在有厚的重混凝土防护的密封室中进行，并实行远距离操作控制，以保护操作人员和防止环境污染。设备的维修也必须实行远距离操作或对设备进行充分的放射性去污后进行直接维修。强放射性对物质有分解作用，会对所用的化学试剂如萃取剂和化学过程产生影响。

（3）高的技术要求和指标

乏燃料后处理的主要目的是回收核燃料物质。根据这些物质进一步加工的方式、方法的不同，对净化有不同的要求。一般都要求对经后处理回收的核燃料物质在进行再加工时要能做到不需要昂贵的防护和远距离操作设备。这就要求后处理过程具有高的净化系数（如 10^7），高的铀钚分离系数（如 10^8），从而得到优质的铀、钚产品。这些都是远高于一般化工分离过程的要求。此外，还要求对核燃料物质有尽可能高的回收率。产品回收率是后处理工厂的一项重要指标。一般水法流程对铀的回收率可以达到 99.8%以上，对钚的回收率可以达到 99.5%以上。

2. 乏燃料后处理的任务

乏燃料后处理厂的任务归纳起来大致有以下四项：

1）提取并纯化辐照生成的裂变物质，如 ^{235}U、^{239}Pu 和 ^{233}U 等。

2）回收并纯化没有燃烧完的裂变物质和尚未转化的转换材料，如 ^{235}U、^{238}U、^{232}Th。

3）提取裂变同位素和超铀元素，如 ^{90}Sr、^{137}Cs、^{241}Am、^{244}Cm。

4）安全处理和处置放射性废物。为了完成前三项任务，会产生大量的放射性水平不同的废气、废液和固体废物，后处理厂必须对这些放射性废物进行安全处理和妥善处置。这也是后处理厂一项主要任务。

第二节　化学分离工艺基本知识

一、化学分离工艺原理

目前世界各国化学分离工艺均采用普雷克斯（Purex）流程或其变体流程来处理辐照核燃料元件，该流程用（TBP）做萃取剂，煤油或正十二烷做稀释剂，硝酸做盐析剂。

Purex 流程是在特定的体系下，即以（铀、镎、钚、裂片元素）硝酸盐-HNO_3-TBP-稀释剂的两相中进行的萃取和反萃取过程。基本原理可概括为以下三点：

1）TBP 以络合萃取形式萃取中性 U（Ⅵ）、Pu（Ⅳ）的硝酸盐络合物，它们以中性溶剂化合物的形式进入有机相。

2）基于铀、钚、裂片元素在硝酸水溶液和TBP-煤油相中分配系数的不同，进行铀、钚与裂片元素的分离净化。

3）基于Pu^{3+}和Pu^{4+}在硝酸水溶液和TBP-煤油有机相中分配系数的差异，在一定条件下，使Pu^{4+}还原成Pu^{3+}，以达到铀、钚分离的目的。

总的来说，纯化和分离原理的基点是集中在TBP对有价元素和裂片元素的萃取能力上的差异或在分离体系中的分配系数上的差异。

二、共去污分离循环

铀钚共去污分离循环：主要完成铀、钚与裂片元素的分离以及铀、钚之间的分离。其中主要涉及共去污(1A)、分离(1B)、反萃(1C)、溶剂再生过程等萃取单元。

1. 铀钚分离原理

铀、钚分离是在1B萃取器中进行的，其分离原理是TBP对不同价态的钚具有不同的萃取能力。三价钚的萃取能力比四价或六价钚要小得多，所以在1B萃取器中，加入适当的还原剂或采用电解还原方法，把1AP中的Pu(Ⅳ)还原成Pu(Ⅲ)便可将钚定量反萃取到水相，而U(Ⅵ)此时仍保留在1AP溶剂相中，从而实现铀与钚的分离。

2. 还原反萃剂

为了达到铀、钚分离的目的，在1B萃取器中，铀必须保持U(Ⅵ)，钚必须还原为Pu(Ⅲ)。U(Ⅳ)及羟胺等均可作为钚的还原反萃剂，但作为工业1B萃取器中Pu(Ⅳ)的还原反萃剂，还要考虑其他一些因素。总的来说，对钚(Ⅳ)还原反萃剂的要求是：

(1) 所用的还原反萃剂应有较高的选择性。

(2) 还原反萃剂应有较快的反应速度，反应要彻底。

(3) 还原反萃剂不应有不利于萃取过程的副反应。

(4) 还原反萃剂带入废水中的盐分要少。

(5) 还原反萃剂在工艺系统中的稳定性要高。

(6) 价格便宜，容易制得。

在铀钚分离阶段，后处理工业中应用比较多的Pu(Ⅳ)的还原反萃剂是氨基磺酸亚铁、硝酸亚铁和四价铀。但对Fe^{2+}而言，由于引入了金属离子和反应后生成的具有腐蚀性的离子，从而逐渐被U(Ⅳ)所取代。而在钚线纯化循环，为防止铀对钚产品的再次污染，则广泛使用的是硝酸羟胺。

用U(Ⅳ)作为Pu(Ⅳ)的还原剂，除了不引入其他盐份外，还原Pu(Ⅳ)的反应是完全的、且还原反应基本上是不可逆的，并且在热力学上它能使Pu(Ⅳ)达到深度还原，可以在水相和有机相中同时实现还原反应。

3. 溶剂洗涤(再生)

共去污循环中的TBP萃取剂经历了强放射性的辐照、长时间与各种浓度硝酸接触以及随工艺要求而升温等恶劣条件的考验，必然造成萃取剂的辐射降解和化学降解，不仅产生了降解产物，并保留了铀、钚、钌等元素，而且也改变了溶剂的萃取性能和流体力学性能。从后处理运行成本考虑，污溶剂必须再生从而实现循环使用。

(1) 溶剂再生原理

污溶剂净化的目的是除去溶剂中的降解产物、裂片元素和铀、钚等杂质，以尽可能恢复溶剂的性能。净化后的溶剂要求 DBP、MBP 浓度低于 1×10^{4} mol/L，异羟肟酸浓度低于 1×10^{-6} mol/L。目前常用的净化方法是洗涤法，用一种或数种试剂与污溶剂接触，以除去其中的杂质。

常用的洗涤法以酸、碱交替洗涤为主。碱可与 DBP、MBP 反应生成溶于水的物质，因此能有效地除去污溶剂中的 DBP、MBP 等降解产物。碱洗还可以除去一部分放射性物质，但不能除去异羟肟酸。硝酸洗涤的主要作用是破乳和将溶剂酸化。因为有机溶剂在碱性溶液中可形成乳状液，加入硝酸可以消除这种状态，使有机相和水相分层良好，这称之为破乳。而酸化的目的是使洗涤过的溶剂返回使用时适应工艺的需要。硝酸一般不单独作为洗涤剂使用，但作为两次碱洗中间的洗涤是有好处的。硝酸也可以除去一部分放射性物质。

(2) 溶剂复用的措施

洗涤顺序对锆-铌的净化有很大影响。三级洗涤的洗涤顺序为碱洗-酸洗-碱洗时，净化效果比碱洗-碱洗-酸洗好得多。另外，碱洗后残留的锆更容易被随后的酸洗除去。所以采取多级洗涤，以碱酸交替效果更好一些。

增加洗涤剂用量对除去污溶剂中降解产物和放射性杂质显然是有利的，但洗涤剂用量太多将增加废液量。有机相∶水相一般取(1-10)∶1。

碱洗时提高温度有利于除去污溶剂中放射性杂质，也有利于分相。另外温度太高将增加 TBP 的降解，碱洗温度一般为 45～55 ℃。酸洗温度一般不应超过 35 ℃，以防止有害的硝化作用和溶剂脱烃反应。连续洗涤时，两相接触时间可为 3～5 min，间歇洗涤时，接触时间长一些，可为 5～10 min。在碱洗过程中会生成悬浮在有机溶剂中的固形物质，因此碱洗后的溶剂要进行过滤，将可能夹带所形成的固形物质予以去除。

一般说来，污溶剂用混合澄清槽洗涤，两相逆流接触，混合均匀，洗涤效果比较好。但由于污溶剂性能已经变坏，所以洗涤时可能产生沉淀物，容易生成界面污物，造成操作的困难。在污溶剂洗涤过程中，洗涤剂都是循环使用的。随着循环次数的增加，放射性杂质、溶剂降解产物和铀化合物等都在洗涤剂中积累，使洗涤效果下降。因此，更换洗涤剂是必要的。更换周期可根据洗涤剂的放射性水平、溶剂洗涤效果等具体情况决定。

三、铀纯化循环

由于共去污分离循环的铀中去钚已基本达到指标，因此，铀纯化循环的主要目标是铀与镎、钌等裂变产物的分离。铀纯化循环包括铀线二循环和铀线三循环。铀纯化循环的最终产品为 3EU，然后进入铀尾端工序。

1. TBP 萃取纯化铀

中试厂的铀二循环选择稀流程方式，但增设了料液预处理工序。1CU 料液的预处理工序促进了钌和钚的形态转化，将酸度调制成 2 mol/L HNO_3 后进入 2D 槽，用 HNO_3-羟胺-肼做洗涤液，并将出口有机相的铀饱和度保持为 71.43%。这种方案既创造了对钌的净化和对微量钚的进一步分离的有利条件，同时也为对镎的净化提供附带效果。

这种采用还原双酸洗涤、溶剂分别从两级加入新流程，可以实现对镎和钚的同时去污，镎的去污系数通常可达 300 左右，而且新流程对工厂运行的波动不敏感，可操作范围比较宽。试验认为溶剂中的降解产物 DBP 是妨碍镎能达到更高去污的主要因素。

2. 溶剂再生

铀线二循环中的 TBP 萃取剂没有像共去污循环那样经历强放射性的辐照，因而在整个流程的溶剂系统中该循环萃取剂的辐射降解和化学降解程度是较低的。通过碱洗将妨碍萃取的主要降解产物(如 DBP、MBP)以钠盐形式去除，而不需要每批污溶剂再生后进行定量排放，将碱洗后的溶剂进行过滤，将可能夹带所形成的固形物质予以去除，然后溶剂经酸化直接返回到 2DX 贮槽从而实现循环使用。

铀线三循环中的 TBP 萃取剂没有像共去污循环那样经历强放射性的辐照，因而在整个流程的溶剂系统中该循环萃取剂的辐射降解和化学降解程度可能比铀线二循环更低。通过碱洗将妨碍萃取的主要降解产物(如 DBP、MBP)以钠盐形式去除，而不需要每批污溶剂再生后进行定量排放。但经碱洗后的溶剂实施过滤作业是十分必要的，将可能夹带所形成的固形物质予以去除，碱洗后溶剂将直接返回到 3DX 贮槽从而实现循环使用。

四、钚纯化循环

钚纯化循环有两个重要任务是进一步对铀及裂片元素的净化、同时将钚溶液加以浓缩，以适应后续草酸钚沉淀的要求。但实现这些任务都将面临着高的钚浓度，因此，工艺条件选择时，应确保临界安全的前提下，首先应考虑钚的收率，然后再兼顾产品的净化。在钚萃取之前，需要采用某种方式对钚进行价态调节，以保持钚处于可萃取的四价状态。

1. 亚硝酸钠调价

钚纯化循环主要利用 Pu(Ⅳ)和 Pu(Ⅲ)两个氧化态的相互转换及其在有机相和水相之间分配系数的差异来实现钚的有效提取、铀钚分离及钚的纯化。价态转换包括料液调节和还原反萃。

从共去污分离循环来到 1BP 料液，在进入钚纯化前，必须将残留的还原剂和支持还原剂彻底破坏。将调整完价态和酸度的料液在 2A 脉冲柱中萃取，在 2AS 柱洗涤，然后进入 2B 柱反萃。

2. 回流萃取纯化浓缩钚

为达到钚浓缩倍数和进一步去除裂片元素，采取回流萃取方式，按照一定的回流比将部分料液 2BP 返回参与 2AF 料液调料，再进行萃取和反萃，从而提高钚的收率和产品质量，并简化生产操作。但为确保钚的临界安全，2BP 料液中钚的浓度需严格控制。

实施回流萃取流程的目的是：

(1) 提高萃取过程中有机相的钚饱和度，从而提高对裂片元素的净化系数；

(2) 通过调节回流比使产品液中钚浓度达到所要求的较高浓度，以避免钚溶液的蒸发浓缩而直接去尾端处理。

2BP 返回 2AF 的回流比既取决于所处理燃料的钚含量，更取决于后续工序，如草酸盐沉淀所要求的钚浓度。基于草酸盐沉淀工序需要调酸、调价时钚浓度的稀释，2AF 配制时也需调酸、调价及返回经草酸破坏后的沉淀滤液，也将稀释钚浓度，因而，钚纯化循环要求产品液中达到一定的钚浓度。

第三节　识图知识

一、工艺系统流程图的各种图例的含义

各种图例是工艺系统流程图的构成基础，掌握了图例才能识读工艺系统流程图。

1. 阀门图例

在核电站工艺系统流程图当中，按照阀门结构和功能，常见的阀门类型有以下几种：截止阀、闸阀、波纹管阀、引漏阀、隔膜阀、球阀、针形阀、节流阀、调节阀、角阀、三通阀、蝶阀、止回阀、弹簧式安全阀、底阀、旋阀、减压阀等。各种阀门在国内某核电站工艺系统流程图当中的图例，如表 2-1 所示。

表 2-1　阀门图例

图例	名称	图例	名称	图例	名称	图例	名称
	截止阀		闸阀	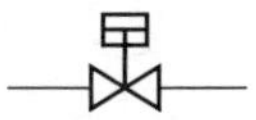	液压阀	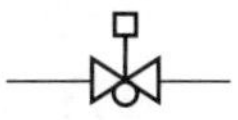	失电时开
	波纹管阀		引漏阀	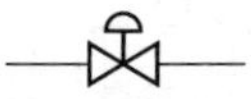	气动阀		失电时关
	隔膜阀	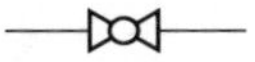	球阀		电动阀	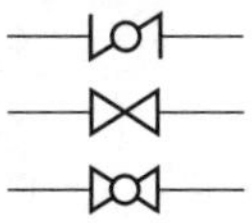	阀常开
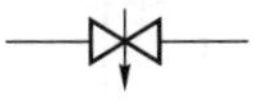	针形阀		节流阀	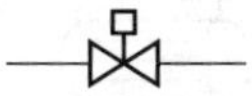	电磁阀		
	调节阀		角阀		穿墙穿楼板阀		阀常关
	锁开阀		蝶阀		带法兰阀		
	止回阀		弹簧式安全阀	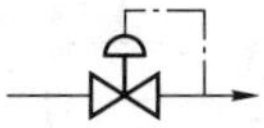	自力式调节阀（利用后压力控制）		
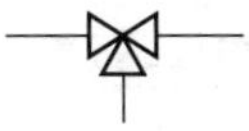	三通阀		底阀	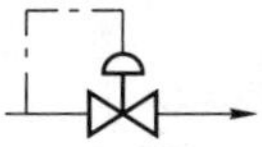	自力式调节阀（利用前压力控制）		
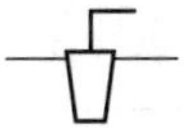	旋阀		减压阀	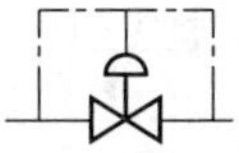	自力式调节阀（利用前后压差控制）		

2. 设备及管件符号图例

乏燃料后处理中常用设备及管件图例，如表 2-2 所示。

表 2-2　设备及管件图例

设备分类及代号	名称	图例	设备分类及代号	名称	图例
塔(t)	填料塔	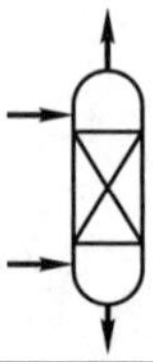	反应器(R)	固定床反应器	
	板式塔	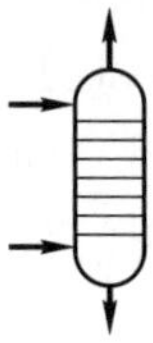		列管式反应器	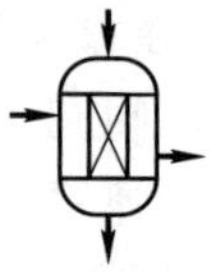
	喷淋塔	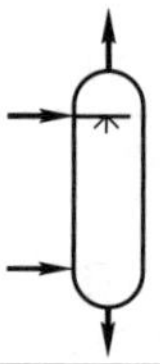		反应釜	
换热器(E)	固定管板式	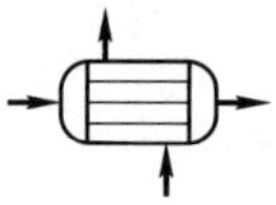	容器(v)	锥顶罐	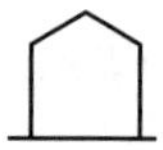
	浮头式	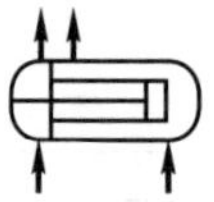		平顶罐	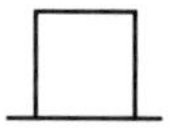
	U 形管式	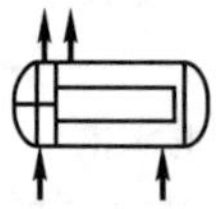		立式	
	釜式	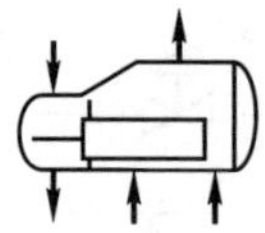		卧式	
泵(P)	离心泵		常用机械(M)	压滤机	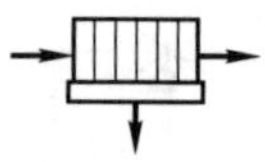
	往复泵	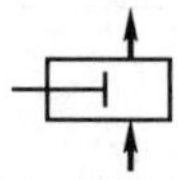		转鼓过滤机	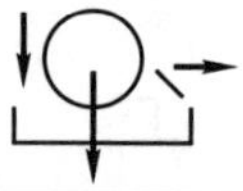
	齿轮泵	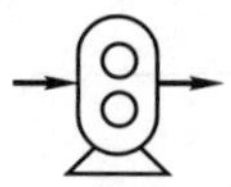		壳体离心机	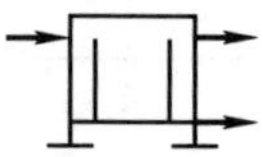
	水环真空泵	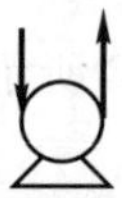		带式输送机	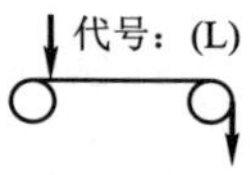

续表

设备分类及代号	名称	图例	设备分类及代号	名称	图例
泵(P)	液下泵	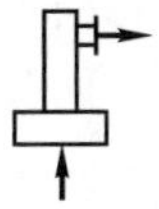	常用机械(M)	透平机	
	旋涡泵			混合机	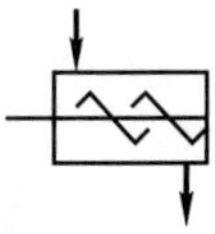
	喷射泵	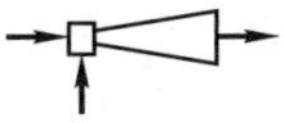		挤压机	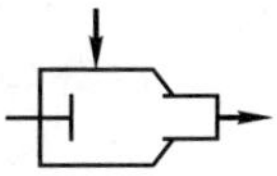
压缩机(C)	电动机	内燃机	汽轮机	往复压缩机	鼓风机
				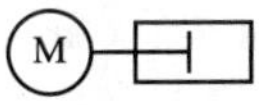	

二、识读

1. 设备标注的识读

设备标注的含义见图 2-1。

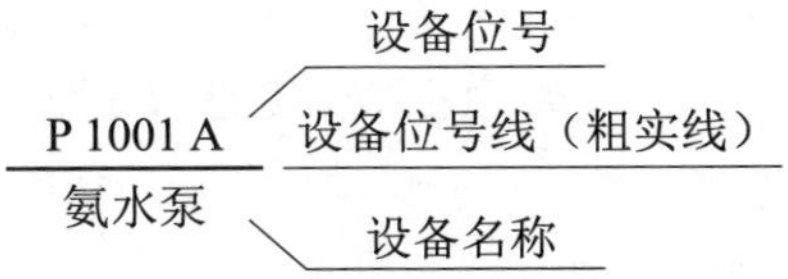

图 2-1　设备标注的含义

设备位号 P 1001 A 注写在设备位号线的上方，设备位号由设备类别代号、设备所在主项编号、设备顺序号和相同设备数量尾号四部分组成，见图 2-2。

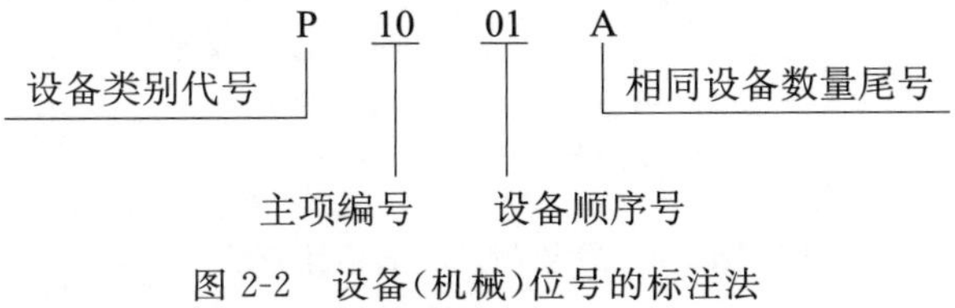

图 2-2　设备(机械)位号的标注法

说明：

① 设备类别代号——一般取设备英文名称的第一个大写字母。

② 主项编号——指设备所在主项的编号，按工程总负责人绘定的主项编号填写，采用两位数字，从 01 到 99，共 100 个。

③ 设备顺序号——按同类设备在工艺流程中流向的先后顺序编制，采用两位数字。

④ 相同设备数量尾号——完全相同的设备前三项标注也完全相同，按排列顺序用大写英文字母 A、B、C 等作为每台设备的尾号。

2. 图纸来去符号的识读

当图上的管道与其他图纸或装置有关时，则用空心箭头框说明本流程（或装置）的来龙去脉，箭头框通常集中绘制在图纸的两侧，框内注明来向或去向的相应图纸号或装置号，框的上方或另一端注明来向或去向的设备位号或管道号、仪表位号，如图 2-3 所示。

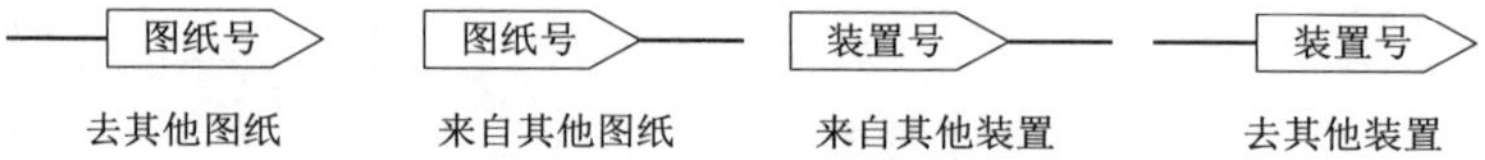

图 2-3　图纸来去的标注

3. 管道符号标记的识读

管道符号标记示例如表 2-3 所示。

表 2-3　管道符号标记示例

管道符号	标记含义	管道符号	标记含义	管道符号	标记含义
带箭头粗实线	主要工艺物流		软管、波纹管		管道交叉且相连
双点划线	原有管道		隔热套		管道相连不交叉
	蒸气伴热管		电伴热管		管道交叉不相连

一般用单线表示各种物流的流向及物流流经各设备的概况。在绘制管道时，尽量能把管道画成水平的或垂直的，注意避免穿过设备或使管道交叉；管道上取样口、放气口、排液口及液封管应全部画出，一般放气口画在管道上方，其他画在下方。

4. 管道（管段）标注的识读

管道（管段）的标注方法如图 2-4 所示。

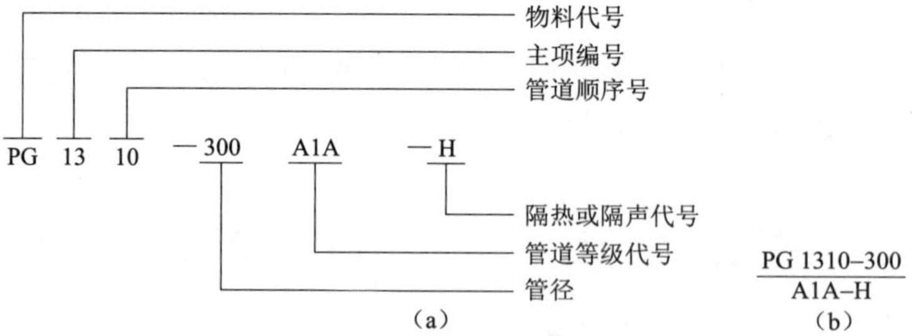

图 2-4　管道（管段）的标注方法

① 物料代号、主项编号（2 位数）和管道顺序号（2 位数），总称为管道号（管段号）。

② 同一管道号管径不同时，可只注管径；异径管的标注为：大端管径×小端管径。一般管径标注工程直径，也有标注外径和壁厚的。

③ 管道等级代号、隔热或隔声代号参见标准 HG 20519-92。对工艺流程简单、管道规格品种不多时，可省略标注管道等级代号和隔热或隔声代号。

每一根管道在工艺管道及仪表流程图中均要按标准 HG 20519.37-92 进行编号和标注，标注内容由管道(管段)号、管径和管道技术要求三个部分组成，常标注于管道上方或左方，也可以用指引线引出。管道组合号一般写成图 2-4(a)所示的形式，也可写成图 2-4(b)所示的形式，以上、下标注的形式写于管道两侧。

5. 物料代号的识读

常用物料代号含义如表 2-4 所示。

表 2-4 常用物料代号含义

代号	PG	PW	PL	LS	HS
名称	工艺气体	工艺液体	工艺水	低压蒸气	高压蒸气
代号	SC	CWR	CWS	VT	VE
名称	蒸气冷凝水	循环冷却水回水	循环冷却水上水	放空	真空排放气

表 2-4 仅摘录了部分常用物料，在识图时请查阅有关资料了解代号所表示的物料名称。

6. 阀门图例的识读

常用阀门图例如表 2-5 所示。

表 2-5 常用阀门图例

图例								
阀门	截止阀	闸阀	角阀	球阀	旋塞阀	蝶阀	截流阀	减压阀

在工艺管道及仪表流程图中，除需要绘制工艺管线外，还应该按照 HG 20519.31-92 的标准图例绘制和标注管道线上的阀门、管件和管道附件。

7. 仪表、控制点图示的识读

仪表和控制点的图示法及标注的含义如图 2-5 所示。

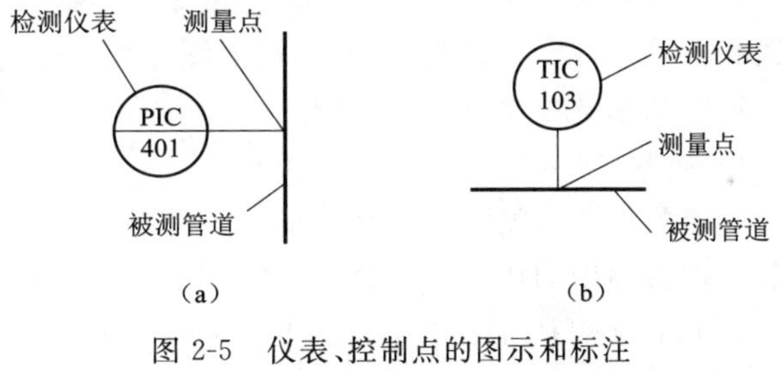

图 2-5 仪表、控制点的图示和标注

(a) 集中表盘安装的检测仪表；(b) 就地安装的检测仪表

① 在流程图上，仪表控制点用细实线在相应的管道上用规定符号画出。其符号由图形符号和字母代号组成

② 图 2-5(a)所示为集中表盘安装的检测仪表，图 2-5(b)所示为就地安装的检测仪表。两图中直径为 10 mm 的细实线圆圈的上半部的 PIC 和 TIC 的第一位字母 P 和 T 为仪表检测参数代号，后续字母 IC 是仪表功能代号；下部的阿拉伯数字表示仪表位号。例如 401 的第一位“4”表示工序号，一般用一位数字表示；“01”表示顺序号，一般用两位数字表示。

8. 仪表检测代号、功能代号和仪表安装位置图示的识读

仪表检测代号、功能代号及安装要求如表 2-6 所示。

表 2-6　仪表检测代号、功能代号及安装要求图示

第一位字母		后续字母		仪表安装位置图示	仪表安装说明
检测代号	测量参数	功能代号	功能说明		就地安装
F	流量	A	报警	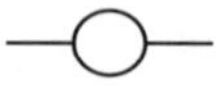	就地嵌装在管道中
L	液位	R	记录		
M	密度	C	控制		集中仪表盘面安装
P	压力	I	指示		
T	温度	J	扫描		集中仪表盘后安装
I	电流	E	检出		
J	功率	S	开关		就地仪表盘面安装
G	长度	K	手动		
S	速度	L	指示灯		就地仪表盘后安装
N	转速	Q	节流孔		

常用检测参数代号和仪表功能代号详见 HG 2505-92，表 2-6 提供了部分仪表的检测代号、功能代号及仪表安装位置图示。

第四节　流体输送设备知识

一、蒸汽喷射泵

1. 蒸汽喷射泵的结构和原理

(1) 蒸汽喷射泵的结构

蒸汽喷射泵可用不锈钢、硬铅、电镀金属、铅和塑料衬里的金属、高铬铸铁、铸铁、青铜、陶瓷和玻璃等许多材料制作，其结构如图 2-6 所示。

喷射泵结构主要有两大部分。

1) 喷嘴

高压蒸汽通过喷嘴形成高速射流。喷嘴的形状尺寸根据蒸汽性质(过热汽还是饱和汽)及蒸汽在喷嘴中的压降来计算，当喷嘴的压降达到一定程度时(过热汽为初压的 45.5%以上；饱和汽为初压的 42.3%以上)，喷嘴做成拉伐尔喷嘴，否则喷嘴为锥形，材料采用 1Cr18Ni9Ti。

2) 扩散器

扩散器有前、中、后三段，通过总流量来设计其尺寸(直径与长度)最终混合成所需压力的流体。

连接以上两者的机件称汽室(或吸入室)，使二件保持合理的距离，具有一定空间。蒸汽喷射泵的材质常用 1Cr18Ni9Ti 或 20＃优质碳素钢制造。

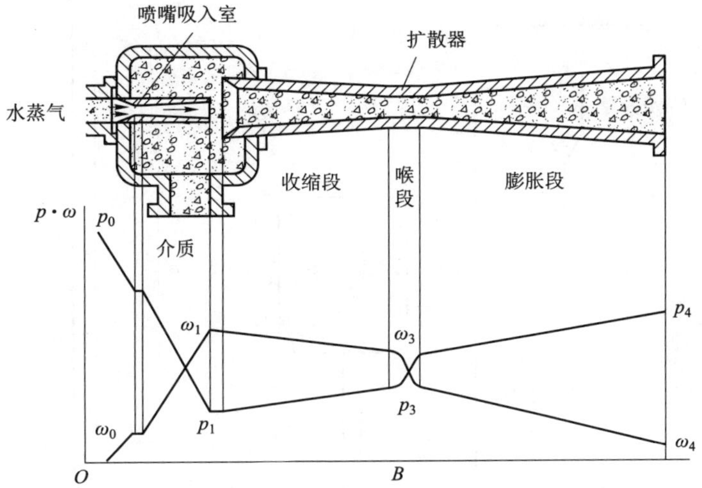

图 2-6　蒸汽喷射泵结构示意图

(2) 蒸汽喷射泵的工作原理

蒸汽喷射泵是利用一定压力的工作水蒸气通过喷嘴后高速喷出，产生低压(增速减压)，从而将介质吸入，与高速蒸汽流碰撞、混合和交换能量并流向扩散器。在扩散器的收缩段蒸汽与被抽介质进一步混合，在扩散器喉段两者充分混合。在这一过程中，流体的速度连续下降，而压力连续上升，经过扩散器喉部后，流体速度急剧降低，而压力随之急剧上升(减速增压)。在扩散器出口处，流体压强大于大气压，从而能将被输送介质继续提升一定高度。

蒸汽喷射泵的输送介质可以是液体也可以是气体。

2. 蒸汽喷射泵的操作特性

蒸汽喷射输送有以下三个特点。

(1) 输送的流体被蒸汽冷凝液稀释；

(2) 输送的流体温度上升；

(3) 出口压头有限。

二、空气升液器

1. 空气升液器的结构和性能

空气升液器，也称空气提升泵，是一种提升液体的装置。空气由一根浸入被提升液体的管子引进，简单的空气升液器类似于一个开有进气小孔的三通管段。空气提升器是利用连通器，以及在提升管段气液混合物的密度小于输送液体的密度的原理来实现液体输送的，如图 2-7 所示。

在放化工厂中，在对流量要求不高时，特别在不希望有蒸汽喷射泵所引起的稀释和加热时，常用空气升液器将溶液从一个容器输送到另一个容器。空气升液器能用来计量流量，它具有自动调节性能：输液容器中液面的降低会减小浸没高度，因而自动降低输送流量。

空气升液器浸没度的定义是，空气入口到输液容器内自由液面的垂直高度与空气入口到排液口的垂直高度之比率(用百分数表示)。

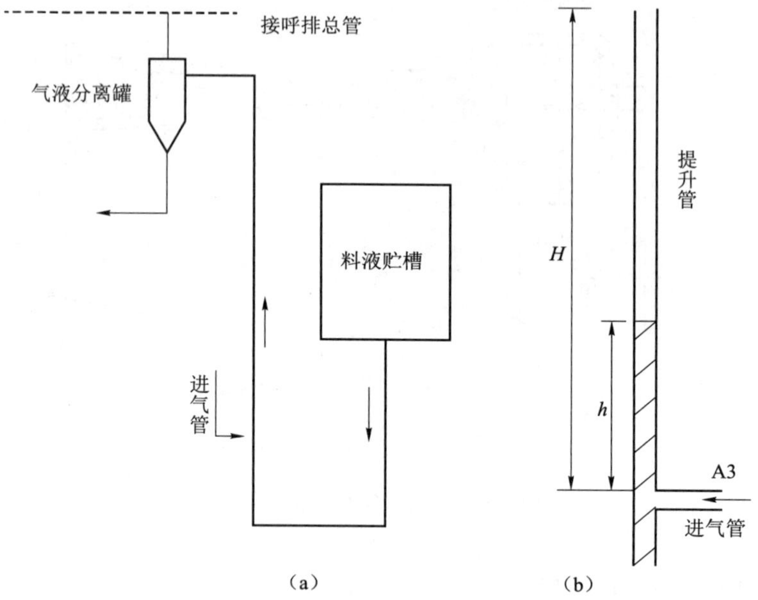

图 2-7 空气升液系统(a)和空气升液器结构(b)示意图

如果浸没度比 50%小很多,空气升液的效率将急剧下降,因此输液容器下面的空间高度必须和需要的净提升高度大致相等。空气提升的浸没度一般应保持在 30%以上。如果这一空间高度不够,则用两个空气升液器串连起来也能解决问题。第一次提升的液体排入中间容器,此中间容器应能满足第二次提升所要求的浸没度。中间容器,特别是在需要计量流量时,往往设有回流管用来保持中间容器内的液位恒定,从而二级提升的浸没度能处于某一定值,流量便能保持稳定。

空气升液器的一个缺点是产生污染的空气,因而增加了需要处理的废气量。空气升液器的机械效率低,但这在放化领域内关系不大。空气升液器不能用于提升容易起泡沫的液体和不能接触空气的液体。

2. 空气升液器的应用

由于结构简单,空气升液器获得了日益广泛的应用。

(1) 溶剂萃取中料液、试剂和成品液的输送

设计为二级提升可以精确计量流量,图 2-8 是典型的二级提升系统示意图。一级提升首先以较大流量将料液提升到一定高度的中间容器,中间容器设有回流管用于保持液位恒定,因此中间容器也称恒液位前置罐,它保证了二级提升的浸没度不变。当需要计量流量时,二级提升的进气管线上安装有气体流量计(一般采用精度较高的质量流量计),以便通过调节进气量来控制液体流量。动力气源一般采用 0.3 MPa(绝压)压缩空气(A3 压空)。

(2) 萃取设备间的自动进料

如图 2-9 所示,为两个脉冲萃取柱间的物料输送系统示意图。对于从柱 A 上澄清室溢流出的有机相物料,通过一级提升装置输送到柱 B 的板段下部。此处采用空气升液器的优点是,在设定好一定进气流量的情况下,输送液体的实际流量能够根据柱 A 溢流出的有机

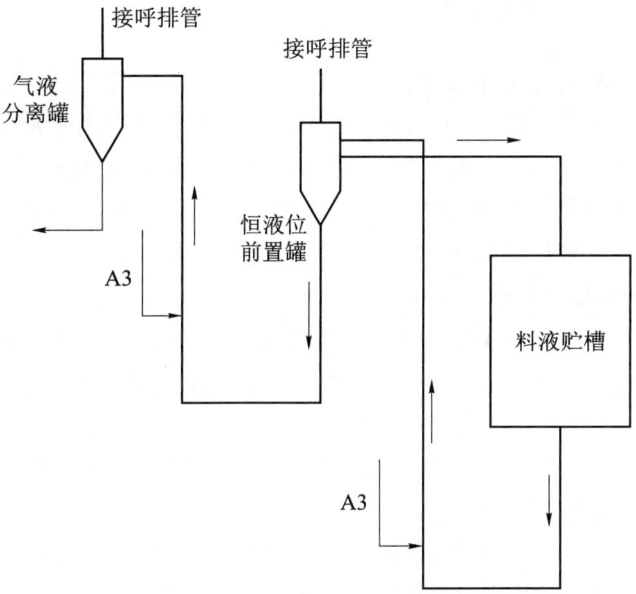

图 2-8　二级空气提升系统示意图

相的流量的变化(浸没度不同)而实时进行自反馈调节。对萃取柱的水相出口,采用空气提升系统,并在进气管线上安装智能流量控制系统与柱子的界面高度构成自动调节系统,可以控制柱子界面位置的稳定运行。即界面高时,反馈给自控系统,加大进气流量;界面低时,反馈给自控系统,减少进气流量。

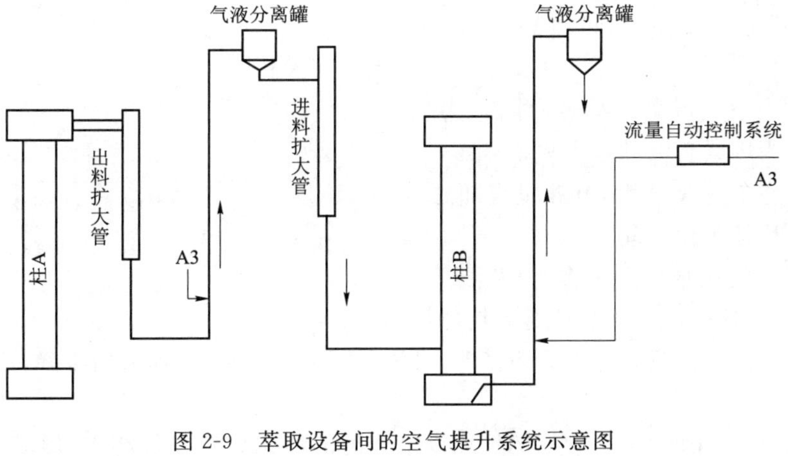

图 2-9　萃取设备间的空气提升系统示意图

(3) 空气升液循环器

它是一种利用空气升液原理的装置,在汉福特的废液贮罐中得到了应用。在汉福特的百万加仑的放射性废液大贮罐中,为了防止崩沸(崩沸是一种由于废液自发蒸发中的温度不均匀产生的加速沸腾现象),需要一种实用的搅拌方法。为此研制了一种浸没式气体升液循环器。此装置与气体升液泵相似,只是循环器是完全浸没在液体内进行操作;从将液体提升到正常液面以上这一意义来说,它作的功是无用的。以压缩气体形式输入循环器的全部能量均消耗于克服摩擦和造成废液循环。

(4) 取样

取样空气升液法在后处理中最早的应用之一是在循环取样方面。在这种系统中,采用空气或蒸汽喷射泵排气,以降低取样管线内的压力,把需要取样的溶液从贮罐内抽上来,流经取样管线上的取样瓶,再循环返回到贮罐。如果抽吸高度超过喷射器的提升能力,可将一定量的空气或氮气通到取样管线尽可能靠近液面的一点。当空气被抽进取样管线时,就产生了空气升液效应。这种方法几乎应用于美国所有主要的放化处理工厂中。

3. 影响空气升液器性能的变量

可能影响空气升液器性能的诸变量是:管径、升液管高度、浸没度、液体密度、液体温度、喇叭管和喷嘴结构以及液体黏度。管径、浸没度和液体温度是主要变量。管径增大时,升液量也增加,但不成正比。对于每组操作条件,均存在一个相当确定的最小升液管直径。

浸没度或许是最重要的一个变量。升液量总是随浸没度增大而增加。

液体密度对升液量的影响似乎与升液管直径有关。当液体流量以重量流量作关系曲线时,液体的密度显示不出影响;但是,当以体积流量作关系曲线时,则液体流量似乎与其密度成反比变化。随着升液管直径增大,密度的影响减小。

个别试验的结果表明,当空气升液器以小于最大输送量的10%操作时,升液管的长度对空气升液器的输送量影响不大。在此试验中,空气流量和浸没度维持不变:但是,对于长度不同的两种升液管,其净输送高度显然是不一样的。

普遍认为,对于小尺寸空气升液器,喇叭管和喷嘴结构的重要性较小。

空气提升气流量(A3 气体流量)对气液分离效果有十分重要的影响。图 2-10 是空气升液器的工作曲线,可以划分为四个阶段。

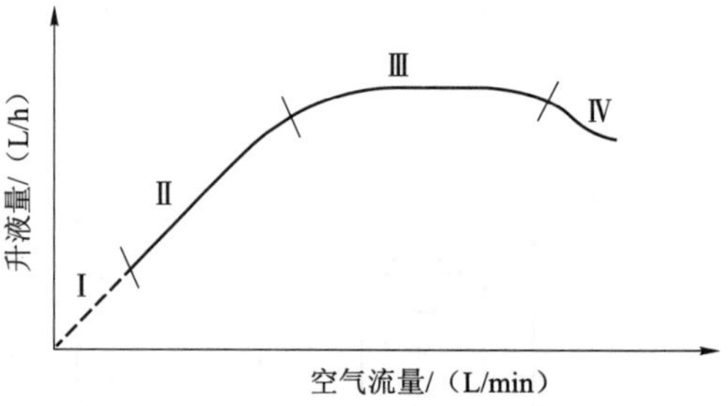

图 2-10 空气升液器工作曲线示意图

Ⅰ阶段:当空气流量很小时,料液无法提升,升液量为零或者波动很大;

Ⅱ阶段:空气流量增大,升液量也随之增加,此段为最佳工作区间;

Ⅲ阶段;空气流量增大很多,但升液量几乎不再改变。这时的升液量已是系统的最高值;

Ⅳ阶段:当空气流量超过一定范围时,升液量不但不增加,反而有所下降,这时流量也不稳定。

在气体流量较小时,上料管内的气体以小气泡的形式分散在液相中,形成小气泡流;随着气体流量的增加,小气泡逐渐变为大小和间隔大致相等的弹状大气泡,其直径几乎与管径相同,它与管壁之间只有一层液膜,大气泡之间的液相中还有一些小气泡,形成所谓的弹状流。当浸没度相同时,随着气体流量的增加,液体流量先迅速增加到一个最大值,然后又会缓慢下降。这是由于流体与管壁的摩擦等能量损失,会随流速的增加而逐渐变得显著。据报道,对于管径Φ 10×2 mm 的上料管,气流量在 1~2 L/min 时,液体流量最大。因此,当气体流量超过一定值,不仅不会增加载液量还会增大混合相的气液比和流速,不利于气液分离。

三、戽斗式流体输送器

旋转戽斗式流体输送器，也称戽斗流量计。它是一种利用水车原理的流体输送设备，适用于小流量的流体输送和流量计量，如图 2-11 所示。戽斗流量计的结构特征在于具有旋转给料器，该旋转给料器由一个或一个以上的戽斗、喉孔、具有孔道的旋转轴和收集室组成，戽斗通过各自的喉孔固定在转轴上。另外，内部还有液面控制器，以便保持恒液位运行，利于流量的稳定。其结构简单，造价低，给料精度高，使用寿命长，特别适用于小流量的液流给料及调节。

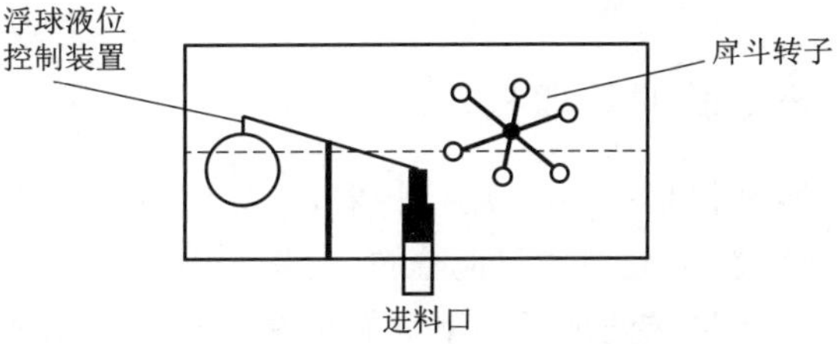

图 2-11　戽斗流量计示意图

戽斗流量计靠调速电机带动，既能控制液体流量，又能通过转速间接测量流量大小，流量范围可在 0～130 L/h。该装置可与计算机配合，实现自动控制。仪表对给定流量的误差可控制在±1%以内。

四、柱塞计量泵

核用柱塞计量泵大致分为卧式和立式两种。图 2-12 为一立式柱塞计量泵结构示意图。电动机通过蜗杆、蜗轮传动减低转速，带动曲柄连杆机构，把回转运动变为往复运动。通过柱塞行程调节器来调节液体流量。流量范围为 20～1 200 L/h，精度为 2%，出口压力为 196 kPa，吸程为 5.5 m。

柱塞计量泵的使用注意事项。

(1) 对于输送物理性质类似于清水的常温介质，柱塞泵中心高出液面的安装高度应小于 2 m。当泵缸腔内充满液体介质时，可提高泵的吸入性能，柱塞泵安装高度为 4～5 m。

(2) 进、出口管内径应不小于泵吸入、排出内径。尽量减短管路长度和减少弯头、阀门等阻力件。不允许出现向上弯的“Ω”形布置，以免存气。

(3) 为确保泵和管路系统的安全，应在计量泵的进口管路加装“Y”形过滤器，出口管路上设置安全阀。

(4) 当出口压力接近或低于进口压力时，应在出口管路上设置背压阀。

(5) 为了减小流量输送过程的脉冲性，可安装缓冲罐。

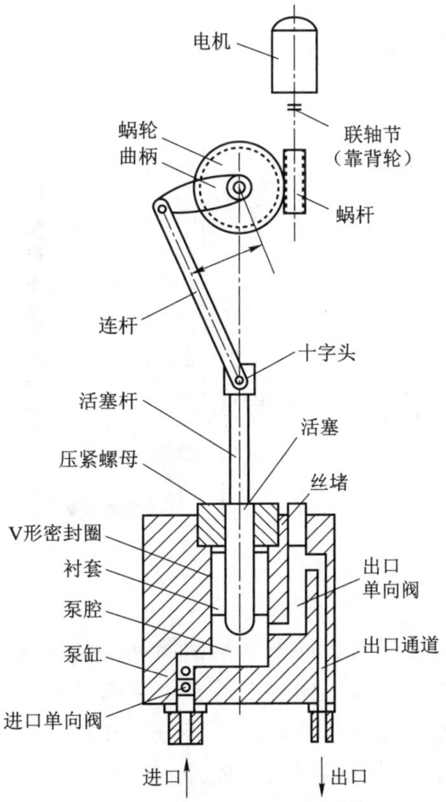

图 2-12　立式柱塞计量泵结构示意图

(6) 为防止杂物堵塞逆止阀,可在进料管道安装过滤装置。

第五节 核用传质设备简介

一、脉冲萃取柱

脉冲柱是一种液-液接触器,它靠对流过一连串筛板的液体施加水力脉冲,将一相(分散相)分散为小液滴均匀地分布于另一相(连续相)中,而提高两相接触面积和传质速度。柱操作是以流量或处理量和萃取效率来表征的。由于脉冲萃取柱效率较高,它比填料柱更紧凑,因而需要的屏蔽更少。脉冲萃取柱的液体存留量也较小,因而辐射损伤引起的溶剂降解亦减轻。脉冲萃取柱作为铀、钚或钍的溶剂萃取接触器已在后处理工厂中得到广泛应用。柱操作人员通常控制的变量有脉冲频率、脉冲振幅(因而还有频率和振幅的乘积)、两相流比、溶质浓度,两液相的物理性质在一定程度上也能起调节作用。

1. 脉冲萃取柱的结构

脉冲筛板柱的主体由板段和上、下澄清室三部分构成,此外还有脉冲发生系统。图2-13是其结构示意图。

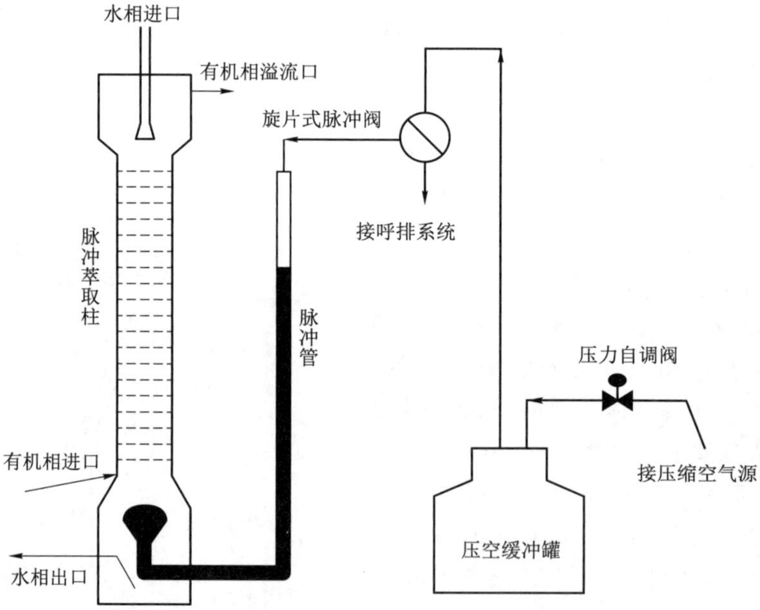

图 2-13 脉冲萃取柱及脉冲发生系统结构示意图

中间较长的不锈钢圆筒体部分称为板段,是两相介质接触混合、实现传质的关键区域。在板段筒体的内部有许多水平布置的带孔筛板,并由一根中心轴有规则地串连固定。筛板的作用是在脉冲动力下将分散相液流通过小孔分散为液滴形态,增大两相的传质接触面积并加剧了两相湍流。此外,筛板还起到降低纵向混合效应的作用,从而极大地提高了传质效率。筛板的孔形分为普通钻孔形和喷嘴形。为了避免分散相浸润不锈钢板引起分散不良的缺点,往往采用喷嘴板,即将筛板孔冲制成喷嘴状。

在板段的两端分别设有上澄清室和下澄清室。澄清室的主要作用是降低两相流速，使经板段混合的两相介质在这里进行澄清分相。脉冲萃取柱运行时，柱内两相界面的位置，取决于连续相和分散相的选择。对于水相(重相)为连续相，有机相(轻相)为分散相的柱子，界面在上澄清室；反之界面将在下澄清室。

将脉冲柱运行划分为五个操作区，如图 2-14 所示。上述几个操作区划分并不很严格，它们之间并无截然清楚的分界线。在混合澄清型区操作虽很稳定，但是萃取效率较低。为此，一般应避免在该区内操作。在不稳定操作区内操作，萃取效率也很低，并且变化无常。因此，脉冲柱一般都在半乳化型区内操作。

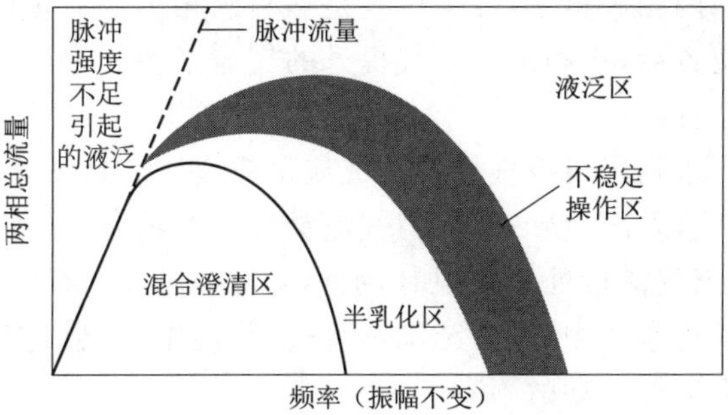

图 2-14　脉冲柱的操作特性曲线

2. *启动*

(1) 水封

有机相连续的柱子，首先要对下扩大段进行水封，防止有机相从水相出口流失。水封液位以使界面逐渐上升到最大值，不再变化时为准。此时液位刚好没过界面测量吹气仪表的上管。

(2) 启动脉冲

首先启动脉冲阀，通过设定变频器频率，使脉冲阀在一定频率下转动。然后开启脉冲阀进气压空，关闭安全排气阀。安全排气阀只有在脉冲阀突然停转，或停车状态下才会自动打开，防止压空连续进入柱子将柱内液体剧烈顶出。

压空通过缓冲罐进行稳压和压力调节。压力通过自调阀智能调控，在分散控制系统(Distributed Control System，DCS)上设定好一定数值后，脉冲压力源的压力便自动稳定到所需值。此时，脉冲动力启动完毕。

(3) 充柱

有机相连续的柱子用新鲜有机相充柱；水相连续的柱子用酸度与正式运行时相同或相近的水相充柱。

有机相连续的柱子，液位应达到上扩大段的溢流口；水相连续的柱子，当液位达到上扩大段界面测量仪表的下管以上，即界面有显示时即可停止充柱。不可使液位过高，防止有机相进料开始阶段，水相被迅速排挤，而从上扩大段的有机相溢流口夹带出去。

(4) 调整界面

充柱完成后，对于有机相连续的柱子，若界面偏高，应打开水相出口降低界面；若界面偏低，应稍进一定量的水相提升界面。对于水相连续的柱子，可稍进一定量的有机相建立界面，并使界面保持在合适的位置。

(5) 两相进料

两相进料之前，应首先疏导柱子的有机相进、出料扩大管，避免扩大管积料，并开启有机相出口空气提升。水相出口，在进水相后才开启。

从水力学稳定性考虑，先进连续相，再进分散相。从传质稳定性考虑，先进萃取剂或反萃剂，再进负载料液。两者往往是一致的。若分散相流比较大，可缓慢提升分散相流量。

(6) 维持界面

两相进料后，界面位置是靠与水相出口流量的连锁自调来稳定的。从DCS上设定好界面位置后，水相出口空气提升的气流量便会自动调节，从而改变水相流量，使界面保持在一定位置。

水相出口空气提升的气流量应设置合适的上下限值，即使其水相流量在一定范围内自调。若上限设置过高，当气流量处于上限时，水相流量会过大，夹带有机相。若下限设置过低，当气流量处于下限时，水相流量会过小，水相会在柱体内出现迅速积聚。因此上下限的设置均应适中，调节范围不可过大，使水相出口流量在进口流量的上下一定范围内调节，以减少流量波动的不利影响。

(7) 料液过渡

为了防止铀钚等贵金属流失，及保证去污效果，要经过酸过渡、冷铀过渡后，才可引入热料液。酸过渡和冷铀过渡及正式运行的两相密度有显著差别，DCS上界面和液位高度计算时使用的两相密度应该相应调整，保证指示值的真实性。

3. 正常运行时的操作

脉冲筛板柱的运行操作不同于混合澄清槽，它要求严格的脉冲强度控制、流比控制、界面控制，一般都用自控系统进行调节控制。此外还要注意柱重、柱温等参数。

脉冲是脉冲筛板柱运行的动力来源，两相间良好的传质要靠适宜的脉冲强度来保证，不同的生产能力，最佳脉冲强度不同。体系发生变化时，也要调节脉冲强度以保证最佳传质。脉冲强度的改变主要靠改变频率和脉冲振幅来实现。根据事先绘制的压力、频率和振幅的关系图表，可以查出水力学稳定的脉冲条件范围。而能同时保证良好传质的具体脉冲条件，需要根据出口料液的取样分析结果选择和调整。

柱内分散相存留分数对水力学运行和传质效果均有重要影响。分散相存留分数可用柱重表征，生产上已顺利地实现了这一点。柱重是利用吹气仪表测量板段上下端的差压值，从而给出板段内液体的平均密度值。实验表明，酸过渡期间，对于有机相连续的柱子，柱重应控制在0.86 g/cm^3以下为宜，水相连续的柱子，柱重应控制在0.92 g/cm^3以上为宜。否则，可能引起相夹带量过大，或出现倒相。引入含铀料液后，柱重会随料液含铀量的增大而增加，因此柱重的高低在一定程度上也反映了料液含铀量的高低，特别是有机相的铀饱和度的变化。例如，对于某洗涤柱，当有机相的铀浓度从0 g/L提高到100 g/L后，柱重从0.83 g/cm^3上升到0.93 g/cm^3。

由于铀、钚等从水相萃取到有机相是放热过程，从有机相反萃到水相是吸热过程，柱温对传质的影响不容忽视。萃取柱一般在室温下操作，铀反萃柱及某些洗涤柱往往设有辅助的加热设备。萃取柱的中上部通常设有三个不同高度测温点，正常情况下中间测温点的温度最高，若下方测温点温度高于中间测温点，则表明萃取峰向下偏移，收率会随之恶化。

运行经验表明，严格控制各物料的流比和流量是实现稳定操作的重要环节。流比和流量的变化都会使存留分数和空塔流速发生改变，这往往会影响到传质和两相的流动，严重时还会发生液泛，因此操作中要严格控制。

界面的控制也极为重要，界面波动太大也会影响两相传质和流动，甚至造成液泛和金属流失。在界面发生较大幅度波动时，调节界面要注意保持进出柱子水相流量的相对平衡，切不可为了调节界面将水相出口阀全开或全闭，这样做将严重破坏柱子的两相流动和传质。

4. 停车

(1) 临时停车

脉冲筛板柱的临时停车，按以下步骤进行。

1) 首先停止进料物流：先停原料液，再停萃取剂或反萃剂；

2) 水相停进后，稍待(视界面变化情况)即关闭水相出口阀；

3) 有机相停进后，待有机相出口扩大管液位稳定后，再关闭有机相出口阀(防止扩大管积料)；

4) 临时停车，不可停止脉冲(以免板段内形成两相分层，不利于再次开车运行)。

(2) 长期停车

对于长期停车，其操作步骤和混合澄清槽基本相同。

1) 置换：为防止放射性后移，需先进行冷铀过渡，待1AW的放射性水平低于一定程度后，才可进行酸过渡；用于冷铀过渡的含铀料液，经蒸发浓缩后，在特定贮槽内储存备下次使用。

2) 顶柱、排污：单独向脉冲柱内进水相(硝酸)，将有机相逐渐从脉冲柱内顶出。工程上往往是多根脉冲柱串联在一起，应该从最前面的柱子，逐个向后进行。

对于不需要专门排污的脉冲萃取柱，少量界面污物在顶柱过程中随有机相一起排出柱外。当需要对脉冲柱进行专门排污操作时，水相连续的脉冲柱将界面污物从上部有机相出口顶出，有机相连续的脉冲柱将界面污物从下方水相出口抽走。

3) 倒空：通过蒸汽喷射泵，将脉冲萃取柱倒空；

4) 清洗、去污：交替用酸性、碱性、酸性解析液，对脉冲柱进行清洗去污。清洗分浸泡和流动洗涤两种。为了加强去污效果，可将解析液加热。

5) 浸泡：为了防止筛板暴露于空气中可能引起的表面状态恶化，一般要向脉冲萃取柱内加满稀酸或去离子水，保持其处于水相浸泡状态。

二、混合澄清槽

混合澄清槽(或混合澄清器)萃取设备内进行两液相的搅拌混合和澄清分相两个过程。这两个过程既可以在同一设备内按先后顺序间歇进行，也可以分别在相连接的混合设备和澄清设备内连续进行。

1. 混合澄清槽的结构

混合澄清槽的类型很多，现以全逆流混合澄清槽(见图2-15)为例。全逆流混合澄清槽相对于其他箱式混合澄清槽，具有结构更简单，效率更高特点。混合室只开两个相口，上相口既作为有机相(轻相)的进口，又作为混合相的出口。从上相口出去的混合相，水相不能再返回原混合室，有机相则又会返回原混合室，从而保证两相的逆流流动。下相口既作为水相进口，又作为混合相出口。从下相口出去的混合相，轻相不能返回原混合室，而水相又会返回原混合室，从而保证两相的逆流流动。

图2-16是全逆流混合澄清槽内液流走向示意图。可以看出，在搅拌桨叶旋转而产生的离心力作用下，迫使混合相通过上相口和下相口，进入与混合室相邻的澄清区，再依靠有机

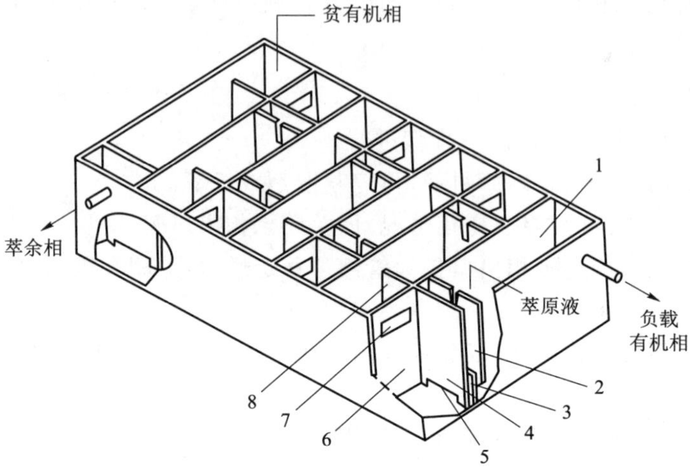

图 2-15　全逆流混合澄清槽结构简图

1—澄清室;2—轻相堰;3—重相堰;4—隔板;5—下相口;6—混合室;7—上相口;8—挡流扳

相、混合相和水相之间的比重差所形成的推动力,迫使有机相和水相在萃取器内逆向流动,并完成两相间的传质和分离过程。两相在混合室与澄清室中是全逆流流动。

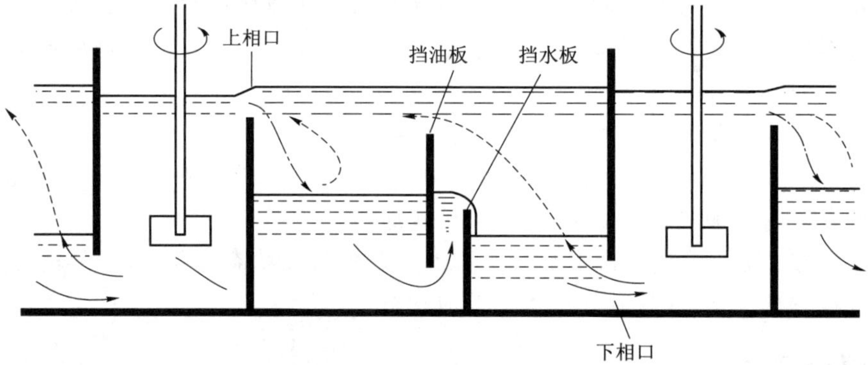

图 2-16　全逆流混合澄清槽内液流走向示意图

重相——;轻相－－－－－;混合相———

图中关键部件的作用如下:

① 隔板。防止有机相短路,其下相口用作水相进口和混合相出口。

② 挡水板。控制澄清室界面高度,防止从下相口甩出的混合相对中部澄清区的扰动。并能控制混合室的界面在一定高度,防止有机相从下相口返混入混合室。

③ 挡油板。防止有机相返流,控制级间有机相流量和液面高度。此板也可以取消,以利于两相顺利流动。

④ 挡流板。防止从上相口甩出的混合相对中部澄清区的扰动。此板上、下开口,使有机相和水相分别从上下方通过,有利于加速两相的澄清分相。

混合橙清槽的突出优点是在级数增加很多的情况下,所需要的设备空间却增加不大,而且不增加前室。但是当某一级出现故障时,整个混合澄清槽的运行就会受到影响。混合澄清槽效率高，操作适应性强。当处理量要求比较大时，混合澄清的放大设计相对来说比较容易。但是它的主要缺点是存液量大，不利于临界安全。此外，它的排污能力也没有脉冲柱好，特别是处理强放射性物料时，由于辐射降解产生的界面污物的积累，将严重影响其正常运行和产品净化系数。

2. *启动*

混合澄清槽结构简单，传质效率高，是比较成熟的萃取设备。这里主要讨论机械搅拌混合澄清槽的操作。可分为以下几个步骤。

(1) 水封

对于有机相连续的混合澄清槽，首先要对重相堰进行水封，防止有机相从重相口流失，然后就向槽内加入有机相，加入量要使其液位达到轻相口。对于水相连续的混合澄清槽，其水封是在用水相充槽的终点完成的。正常运行时，两种混合澄清槽的重相堰都要始终处于严格水封状态，防止有机相夹带。重相堰和前室的示意图见图 2-17。

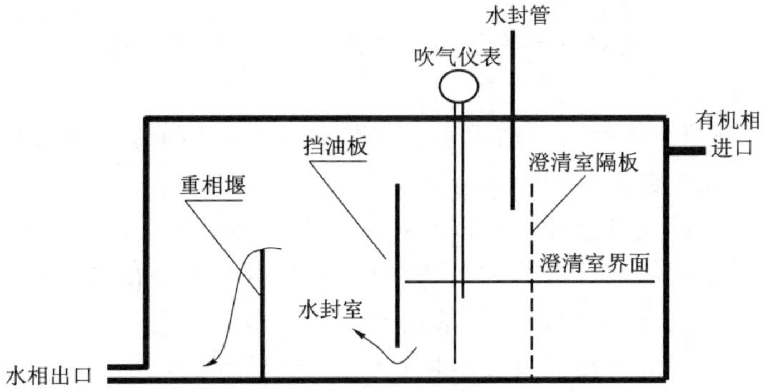

图 2-17 混合澄清槽水相出口级(前室)结构示意图

(2) 充槽

有机相连续的混合澄清槽，用新鲜有机相充槽，有机相从第一级加入，逐渐流向并充满其后各级；水相连续的混合澄清槽，用与正常运行时的水相相同(或相近)酸度的酸液充槽，水相从最后一级加入，逐渐流向并充满前面各级。

对于有机相连续的混合澄清槽，当最后一级的界面测量压差值(kPa)达到最大值，不再增长时，则说明最后一级的有机相液位已经接近轻相堰高度，此时即可以停止充槽。

对于水相连续的混合澄清槽的充槽，当前室的水相从重相堰溢出，充分水封后，充槽才可结束。

(3) 启动机械搅拌

充槽结束后，启动槽子的机械搅拌。通过改变变频器的频率，调整搅拌电机的转速，使之处于由实验确定的最佳搅拌转速。

(4) 两相进料

两相进料前，应确保两相出口管线上的空气提升首先开启。先进连续相，再进分散相，防止倒相。对于大流比(10∶1 以上)混合澄清槽，若分散相的流量比较大，应缓慢提高分散相流量，使各级逐渐地建立稳定界面，预防因连续相被急剧排挤出去造成的出口积料，甚至倒相。可将分散相的初始进料分成正常流量的 1/4、1/2、3/4 三个过渡阶段，每个阶段的时间不小于10分钟。

(5) 建立界面

各物料按设计流量加入以后,两相在混合室搅拌混合,在分离室澄清分相,形成两相界面,各级界面逐渐建立并达到稳定。

(6) 料液过渡

当界面稳定后,混合澄清槽进入正常运行操作。此时应注意进出料的流量是否稳定,液位和界面值是否在合理范围内波动。在混合澄清槽内,要建立起传质平衡还需要一段时间,对于1A槽来说有机相的铀饱和度有一个由低到高的升高过程,在这个过程中,裂片元素可能随有机相被较多的带到后续工序,从而造成后续工序和产品的放射性沾污。为了防止这类现象发生,开车时应先用"冷料"(放射性水平低的辐照元件溶解液或1CU浓缩液)进行过渡,使之在1A槽进热料前,槽内铀传质已达到了平衡。

同样,冷料过渡开始之前,也需要进行酸过渡。

3. 正常运行时的操作

混合澄清槽正常运行时的主要控制参数是搅拌转速、各液流的流比和界面高度。

(1) 搅拌强度的影响

机械搅拌是混合澄清槽运行的动力来源,两相之间良好的传质靠机械搅拌来保证。当搅拌强度不够时,两相混合不好,甚至会造成水相在各级中的积累,界面上升,两相间传质效果变坏。搅拌强度不足还会造成两相流动不畅,甚至液泛。如果搅拌强度太大,尽管此时两相混合很均匀,但因分散相被分散成过细的微粒,混合相不易分相,易造成相夹带。因此,合适的机械搅拌条件对混合澄清的运行非常重要。机械搅拌条件除了用公式计算外,还应通过实验来验证,并在槽子的运行过程中根据具体情况予以调整。

(2) 流量和流比的影响

混合澄清槽正常运行时,各液流按照比例均匀的进入槽子,又均匀地流出槽子,整个槽子处于动平衡状态。每一级也是如此。如果槽子的动平衡状态被破坏,槽子的正常运行也将受到影响。对于特定的混合澄清槽,能保证水力学正常运行的通量和流比都是有一定范围限制的。

在流比一定时,两相流量过大,两相在混合室的停留时间和在澄清室的澄清分相时间均会缩短,将造成两相澄清分相不好产生相夹带,及导致两相间的传质不充分。此外,流量的增大会使相口阻力增加,造成槽子界面和液位的大幅度变化,甚至发生液泛。

流比的变化,对槽子的运行和传质也会产生重要影响。当分散相相对连续相的流比变大时,则混合相比会相应增大,严重时会发生倒相。当萃取剂或反萃剂相对料液的流比变小时,则萃取或反萃液中的物质浓度相应增加,甚至接近饱和,使收率下降。

(3) 液位和界面的影响

稳定运行的混合澄清槽其各液流流比,各级界面高度和机械搅拌条件都是一定的。这时两相间的传质情况比较稳定,各级有机相和水相中的被分离元素的组分和硝酸浓度也都是一定的。混合澄清槽各级澄清室的界面稳定在一定的高度(不同的级界面高度略有不同),是槽子正常运行的标志。这是靠稳定的机械搅拌条件、各液流流量和适宜的重相堰高度来实现的。

澄清室的界面高度应不高于轻相进口,不低于重相进口,这样两相流动才互不干扰。一般情况下,有机相连续的槽子的各级界面偏低一些,水相连续的槽子的各级界面偏高一些。若两者的界面分别异常偏高或偏低,则可作为倒相现象的判断条件之一。

引起界面升高的原因大致有:机械搅拌强度的突然降低,水相流比突然变大等。排除的方法是提高机械搅拌强度;适当调整流比。若已经严重到发生倒相,则简单的调整很难起作用,此时只有暂停水相进料,并可考虑临时增大有机相进料。上述措施均无效时,则需考虑停车,将槽子倒空后重新充槽启动。

引起界面降低的原因有:机械搅拌强度的突然变大,水相流比的突然变小等。排除的方法是降低机械搅拌强度;适当调整流比。若已经严重到发生倒相,则简单的调整很难起作用,此时只有暂停有机相进料,并可考虑临时加大水相流量。上述措施均无效时,则需考虑停车,将槽子倒空后重新充槽启动。

造成前室界面偏低的原因有:

1）重相堰高度不足;

2）搅拌强度偏小或两相流量偏大,两相流动受阻,从而致使轻相在前室的滞留量加大;

3）有机相出口积料,造成有机相流动受阻,液位抬升,前室内有机相静压变大。

(4）两相出口的影响

无论在水封、充槽还是运行阶段,混合澄清槽的两相出口都应保持开启,防止两相出口积料。出口积料会影响两相的正常流动,使得液位和界面异常,甚至造成倒相和液泛。

当有机相出口积料时,会造成液位偏高,同时由于有机相流动受阻,会使有机相在前室的严重滞留,压迫前室界面向下移动,严重时导致水封失效。注意,若水封已经被破坏,则液位不但不会继续偏高,可能还会偏低。

当水相出口积料时,会造成液位偏高,同时由于水相流动受阻,会使前室和最后一级及其他各级的界面均呈现上升。

若两相出口设有扩大管,则可以方便地通过观测扩大管液位是否过高,来判断出口是否积料。在两相开始进料初期,若发现连续相出口的扩大管液位出现过满信号,则往往是由于槽子界面处于建立过程中,分散相在槽内的滞留体积逐渐增大,造成的槽内原来的部分连续相被迅速排挤出去;若连续相出口的开度不够大,料液无法及时转走,便会出现积料现象。此时应检查和调节出口空气提升的气流量,使积蓄的料液顺利排走。应急处理措施为暂时减小分散相进料流量,也可减小连续相进料流量。

4. 停车

混合澄清槽的停车,分为临时停车和长期停车。根据不同情况,采取的措施也不同。

(1）临时停车

混合澄清槽的临时停车,只需停进各物料,并停止机械搅拌。

停进物料时,从水力学考虑,应先停分散相,再停连续相;从两相传质考虑,应先停原料液,再停萃取剂或反萃剂。由于萃取剂或反萃剂往往被选为连续相,因此两方面可以兼顾。

在物料停进后,机械搅拌稍待使槽内两相流动片刻后即应停止,滞后时间不可过长。否则前几级的有机相会被逐渐赶向后几级,后几级的水相会被逐渐赶向前几级,从而造成前几级的水相偏多,后几级的有机相偏多,分别形成水相连续和有机相连续,影响正常的界面位置。两相出口不可过急关闭,防止相口积料。

(2) 长期停车

混合澄清槽的长期停车要进行置换、顶槽、排污、倒空和清洗去污。

1) 置换

这里所说的置换是指用放射性水平很低的冷铀溶液或稀硝酸代替正常料液的运行过程。其主要目的是降低槽内的放射性水平和回收金属。对于共去污槽来说,正常运行时的放射性强度是很高的。如果直接用硝酸代替料液进行置换,由于有机相的铀饱和度迅速降低,大量的裂变产物将被 TBP 萃取而带入后面的工序,造成放射性物质的后移,给生产和清洗工作造成麻烦。因此当“热料”处理完以后,应用放射性强度低的冷铀料液代替正常料液继续运行,这样就可以有效地回收钚和降低槽内的放射性水平,这个置换过程一般称之为“热冷料过渡”。“热冷料过渡”结束以后,槽内的放射性水平已经比较低,再用一定量的硝酸进行“酸置换”,以便充分回收槽内的金属。对于放射性水平较低的槽子不必进行“热冷料过渡”,可直接进行酸置换。

2) 顶槽

当置换结束后,停进有机相,加大水相流量,关闭水相出口阀门,把有机相从槽子的有机相出口顶出,这个过程称之为顶槽。顶出的有机相经再生处理,以备下次开车使用。

3) 排污

由于界面往往是污物积聚的地方,所以要进行排污操作。在顶槽操作结束后,连同有机相出口也关闭,并继续向槽内注入水相,则各级的液位和界面会继续上升,直到达到级间隔板高度以上排污口的位置。排污过程中应启动排污口对面一侧的压空吹扫,将污物吹向排污口彻底排出。在排污口附近可设置界面测量仪表,以便监测界面是否已接近排污口高度。为了保证污物彻底排出,可以顶出少量水相。界面污物的处理一般包括:

① 高酸破乳,加入酸度较高的硝酸(如 11 mol/L),并利用压空搅拌,使界面污物溶解,澄清分相后,将底部酸液转到某贮槽中。

② 低酸反萃,向破乳后的有机相内加入 0.01 mol/L 的低酸,并利用压空搅拌,将有机相中的铀钚贵金属反萃到水相中,然后澄清分相。此时的低酸液与上面的高酸液混合后,取样分析,决定是否进行最终的回收处理。若酸液中铀钚含量较高,对上层有机相可以进行二次反萃,以彻底回收铀钚。最终上层有机相作为废有机相排放。

4) 倒空

排污操作结束后,槽内的水相可通过专用的倒空管道抽至容器内,根据其中的铀、钚含量和放射性活度,决定其去向。

5) 清洗去污

槽子倒空后,混合澄清槽要分别用稀硝酸,浓硝酸、浓碱进行适当的轮流清洗,降低设备的放射性水平以满足下次生产或检修的要求。

三、脉冲萃取柱与混合澄清槽的优缺点

在对萃取设备进行比较时,应全面考虑设备的处理能力和传质效率等各方面。并且只有在体系、溶液浓度、分散相的选择和相比等条件相同时,这种比较才有意义。

表 2-7 给出了脉冲萃取柱及混合澄清槽的优缺点,可作为萃取设备选择的参考。

表 2-7　脉冲萃取柱及混合澄清槽的优缺点

设备分类	优　点	缺　点
混合澄清槽	两相接触好，级效率高；处理能力大，操作性能好；在很宽的流比范围内均可稳定操作	滞留量大，需要的厂房面积大；投资大；级间可能需要用泵输送物料
脉冲萃取柱	结构简单，设备费用低；操作和维修费用低；容易处理腐蚀性物料	传质效率低，需要高的厂房；对密度差小的体系处理能力低；不能处理流比很高的情况

第六节　电工知识

一、电气基础知识

1. 物体的带电与电场

(1) 物体的带电

1) 摩擦起电现象：用丝绸摩擦过的玻璃棒或用毛皮摩擦过的橡胶棒，能够吸引纸屑、头发等轻小物体。物体有了吸引轻小物体的性质，就说物体带了电（这个物体被叫做带电体），或者说带了电荷。用摩擦的方法使物体带电叫做摩擦起电。

2) 两种电荷：自然界中只存在着两种性质不同的电荷，即正电荷和负电荷。用丝绸摩擦过的玻璃棒带的电荷是正电荷，用毛皮摩擦过的橡胶棒带的电荷是负电荷。

电荷之间有相互作用，同种电荷互相排斥，异种电荷互相吸引。

物质是由原子组成的，原子是由原子核和核外电子构成的。原子核是由带正电质子和不带电的中子组成。原子核带正电，核外电子带负电。通常情况下，核外电子所带负电荷的总和与原子核里质子所带正电荷的总和相等，整个原子呈现中性。中性原子失去电子，它就带正电；得到多余的电子，它就带负电。

摩擦起电的过程中，一个物体因失去一些电子而带正电荷，同时另一个物体因得到这些电子而带等量的负电荷。摩擦起电并不是创造了电荷，只是电荷从一个物体转移到另一个物体。不仅摩擦起电如此，所有的起电过程，实际上都是使物体中的正负电荷分开的过程，并不创造电荷。

3) 电量和基本电荷：物体所带电荷的量值叫做电量，常用符号 q 或 Q 表示。在国际单位制中，电量的单位为库仑，简称“库”，符号是 C。

质子和电子带的电量除有正负不同外，其值均为 $e=1.60\times10^{19}$ C。已有的实验表明，没有带电量比 e 更小的单独存在的粒子，任何带电粒子所带的电量都等于 e 的整数倍。因此，把 $e=1.60\times10^{19}$ C 叫做基本电量，而把电量为 e 的电荷叫基本电荷。

4) 电荷守恒定律：表述：电荷既不能创造，也不能被消灭，它们只能从一个物体转移到另一个物体，或者从物体的一部分转移到另一部分。

电荷守恒定律是自然界中一个非常重要的规律，它不仅在宏观现象中成立，在原子、原子核和基本粒子的微观过程中同样成立。例如，在对原于核的研究中发现，在核反应中，不仅质量数守恒，而且电荷数守恒，总电荷数保持不变。迄今为止，人们还没有发现任何与电荷守恒定律相违背的事实。

① 点电荷。当带电体间的距离比它们的大小大得多,以至于带电体的形状和大小对相互作用力的影响可以忽略不计时,这样的带电体就可以被看成是点电荷。点电荷就像质点那样,是一种理想化模型。

② 库仑定律。在真空中,电量分别为 q_1 和 q_2 的两个点电荷之间的相互作用力的大小和它们的电量的乘积成正比,和它们之间的距离 r 的平方成反比,作用力的方向在它们的连线上,同种电荷互相斥,异种电荷互相吸。

$$F = k\frac{q_1 q_2}{r^2} \tag{2-1}$$

式中,k 是比例恒量,叫做静电力恒量。它的数值和单位决定于式中各量的单位,可由实验确定。在国际单位制(SI)中,$k = 9\times10^9\ \mathrm{N\cdot m^2\cdot C^2}$。

注意:库仑定律只是对点电荷才成立。对于不能被看作点电荷的带电体,库仑定律不成立。比如两个靠近的带电平板,它们之间的作用力不能直接由库仑定律计算。

(2) 电场强度

1) 电场:任何力的作用都离不开物质。近代科学研究表明,两个电荷相互作用时虽然并不直接接触,但它们之间的相互作用是通过一种看不见、摸不着地特殊物质实现的,这种特殊形态的物质叫做电场。只要有电荷存在,它的周围就存在着电场。由于电荷间的相互作用是通过电场而实现的,因此,这种相互作用力也叫做电场力。

存在于静止电荷周围的电场称为静电场。本教程所说的电场都是指静电场。

2) 电场强度的定义:电场强度是反映电场强弱和方向的物理量。电场中某一点的电场强度的大小和方向定义如下:

大小:放入电场中,某一点的电荷受到的电场力 F 和它的电量 q 的比值,叫做这一点的电场强度,简称“场强”,通常用 E 表示,即:

$$E = \frac{F}{q} \tag{2-2}$$

从上式可知,电场强度的单位是 N/C。

方向:电场强度跟力一样,也是矢量。我们规定电场中某点的场强方向跟正电荷在该点所受电场力的方向相同。在这种规定下,负电荷所受电场力的方向就跟该点场强方向相反。

对于给定的带电体,其周围空间存在着电场,电场中各点的场强有确定的大小和方向,与放入该点的电荷 q 无关(比值 F/q 与 q 无关)。

如果电场中某一点的场强 E 已知,那么点电荷 q 在该点所受的电场力为:

$$F = qE \tag{2-3}$$

2. 导体与绝缘体

善于传导电流的物质称为导体,不善于传导电流的物质称为绝缘体。

(1) 导体

导体中存在大量可以自由移动的带电物质微粒,称为载流子。在外电场作用下,载流子作定向运动,形成了明显的电流。金属是最常见的一类导体金属原子最外层的价电子很容易挣脱原子核的束缚,而成为自由电子,留下的正离子(原子实)形成规则的点阵。金属中自由电子的浓度很大,约为 10^{22} 每立方厘米,所以金属导体的电导率通常比其他导体材料的大。金属导体的电阻率约为 10^{-8}～10^{-6} Ω·m，且一般随温度降低而减小。在极低温度下，某些金属与合金的电阻率将消失而转化为“超导体”。

电解质的水溶液及熔融电解质也是导体，其中的载流子是正负离子。实验发现，大部分纯液体虽然也能离解，但离解程度很小，所以并不是导体。例如纯水，其电阻率高达 10^4 Ω·m。但是，如果在纯水中加入电解质，其离子浓度将大为增加（约可达 10 τ 每立方厘米），从而使电阻率大为降低（约 10^{-1} Ω·m），便成为导体。电解液的电阻率比金属大得多，这不仅是因为电解液中离子浓度比金属中自由电子浓度小，而且因为其离子与周围媒质的作用力较大，使它在外电场中的迁移率小得多。电解液在通电过程中伴随着化学变化，因此，它常应用于电化学工业（如电解提纯、电镀等），并把它称为“第二类导体”，而把导电过程中不引起化学变化，也没有显著物质转移的导体，如金属，称为“第一类导体”。

电离的气体也能导电（气体导电），其中的载流子是电子和正负离子。在通常情况下，气体是良好的绝缘体。但是如果借助于外界原因（如加热，用 X 射线、γ 射线或紫外线照射），可使气体分子离解，因而电离的气体便成为导体。电离气体的导电性与外加电压有很大的关系，且常伴有发声、发光等物理过程。电离气体常应用于电光源制造工业。

（2）绝缘体

电的绝缘体又称为电介质。它们的电阻率极高，约为 10^8～10 Ω·m，比金属的电阻率大 10^{14} 倍以上。绝缘体的种类很多，有固体，如塑料、橡胶、玻璃、陶瓷、云母、绝缘漆、绝缘纸等；有液体，如各种天然矿物油、硅油、三氯联苯等；有气体，如空气、氮、二氧化碳、六氟化硫等。固态绝缘体广泛应用于导线和电工设备的绝缘；作为电容器极板间的填充材料，以增加它的电容值。潮湿气体会大大减小绝缘体的电阻率，但大部分绝缘体具有防湿能力。液态绝缘体主要应用于大功率断路器、变压器及某些电缆等电工设备中，这时不仅利用其电绝缘作用，而且还利用液体对流所起的散热作用。

绝缘体在某些外界条件（如加热、加高压等）影响下，会被“击穿”，而转化为导体。在未被击穿之前，绝缘体也不是绝对不导电的物体。如果在绝缘材料两端施加电压，材料中将会出现微弱的电流。绝缘材料中通常只有微量的自由电子，在未被击穿前参加导电的带电粒子主要是本征离子和杂质离子。本征离子是由于热运动而离解出来的离子，杂质离子是由于杂质离解产生的。绝缘体或电介质的主要电学性质反映在电导、极化、损耗和击穿等过程中。

（3）半导体

现今通常把例如锗（Ge）、硅（Si）等一类导体称为半导体。这类导体的电阻率介乎金属与绝缘体之间，且随温度的升高而迅速减小。这类材料中存在一定量的自由电子和空穴，后者可看作带有正电荷的载流子。与金属或电解液的情况不同，半导体中杂质的含量以及外界条件的改变（如光照，或温度、压强的改变等），都会使它的导电性能发生显著变化。由于这些特点，半导体在实际中有着非常广泛的应用。固体物质所以能够区分为导体、半导体或绝缘体，可以从能带理论得到解释。

3. 电路的组成

（1）基本概念

电路是由电源、导线、开关、用电器组成的。

电源：能够持续向用电器提供电能的装置。

用电器:利用电能工作的装置。

开关:控制用电器工作。

导线:把上述器件连接起来。

通路:电路连接后,处处连通的电路叫通路。

开路:当开关未闭合,或电线断裂致使线路在某处断开的电路,叫做开路。

短路:把电源两端直接用导线连接起来。这种情况是不允许的,因为会烧坏电源和导线,有可能导致火灾。

电路图:电路中的器件用统一规定的符号表示,这种用符号表示电路连接情况的图,叫做电路图。

(2) 电路基本连接形式

串联电路:电路元件逐个顺次连接起来的电路,电流流过的路径只有1条。

并联电路:用电器并列连接起来的电路,电流路经有多条(有干路和支路)。

4. 电流、电压、电阻的基本概念

(1) 电流

1) 基本概念:电流,是指电荷的定向移动。

电流的大小称为电流强度(简称“电流”,符号为I),是指单位时间内通过导线某一截面的电荷量,每秒通过1库仑的电量称为1安培(A)。安培是国际单位制中所有电性的基本单位。除了A,常用的单位有毫安(mA)、微安(μA)。

物理上规定电流的方向,是正电荷定向移动的方向。

电荷指的是自由电荷,在金属导体是自由电子,在酸,碱,盐的水溶液中是正,负离子。

2) 形成原因及产生条件:电压,是使电路中电荷定向移动形成电流的原因。

① 必须具有能够自由移动的电荷(金属中只有负电荷移动,电解液中为正负离子同时移动)。

② 导体两端存在电压差(要使闭合回路中得到持续电流,必须要有电源)。

③ 电路必须为通路。

(2) 电压

1) 基本概念

众所周知,水在管中之所以能流动,是因为有着高水位和低水位之间的差别而产生的一种压力,水才能从高处流向低处。城市中使用的自来水,之所以能够一打开水门,就能从管中流出来,也是因为自来水的贮水塔比地面高,或者是由于用水泵推动水产生压力差的缘故。电也是如此,电流之所以能够在导线中流动,也是因为在电流中有着高电势能和低电势能之间的差别。这种差别叫电势差,也叫电压。换句话说。在电路中,任意两点之间的电位差称为这两点的电压。通常用字母U代表电压,电压的单位是伏特,简称“伏”,用符号V表示。高电压可以用千伏(kV)表示,低电压可以用毫伏(mV)表示,也可以用微伏(μV)表示。电压是产生电流的原因。

2) 电压的分类

电压可分为高电压与低电压。

高低压的区别是:以火线的对地间的电压值为依据的。对地电压高于250 V的为高压。对地电压小于250 V的为低压。

习惯的想法是 380 V 或 500 V 以上的电压为高压。220 V 的为低压。其实质是一种误解，也是对电的不了解。

只要高于 250 V，哪怕是一千、一万、十万伏，只要对地电压高于 250 V 就是高压。像我们的家庭用电 220 V 时一种低压。工业常用的 380 V 电压其实也是一种低压。因为它是 3 根火线 1 根零线，火线的对地电压是 220 V 所以它也是低压。

（3）电阻

导体对电流的阻碍作用就叫该导体的电阻。电阻小的物质称为电导体，简称“导体”。电阻大的物质称为电绝缘体，简称“绝缘体”。

在物理学中，用电阻来表示导体对电流阻碍作用的大小。导体的电阻越大，表示导体对电流的阻碍作用越大。不同的导体，电阻一般不同，电阻是导体本身的一种性质。

导体的电阻通常用字母 R 表示，电阻的单位是欧姆，简称“欧”，符号是 Ω。比较大的单位有千欧（kΩ）、兆欧（MΩ）（兆＝百万，即 100 万）。

二、通用设备常用电器的种类和用途

1. 常用电器的种类

（1）电动机

电动机主要分为直流电动机与交流电动机两类。

1）直流电动机

直流电动机具有调速性能好、起动力矩大的特点，直流电动机的性能与它的励磁方式密切相关，通常直流电动机的励磁方式有 4 种。同励磁方式的直流电机有着不同的特性。一般情况直流电动机的主要励磁方式是并励式、串励式和复励式，直流发电机的主要励磁方式是他励式、并励式和和复励式。

2）交流电动机

交流电动机，是将电能转变为机械能的一种机器，交流电动机主要由一个用以产生磁场的电磁铁绕组或分布的定子绕组和一个旋转电枢或转子组成。电动机利用通电线圈在磁场中受力转动的现象而制成的。分为同步电动机和异步电动机两大类。

① 同步电动机。同步电动机是一种转子转速与定子旋转磁场的转速相同的交流电动机。其转子转速 n 与磁极对数 p、电源频率 f 之间满足 $n=f/p$。转速 n 决定于电源频率 f，故电源频率一定时，转速不变，且与负载无关。具有运行稳定性高和过载能力大等特点。

② 异步电动机。异步电机是一种交流电机，其负载时的转速与所接电网的频率之比不是恒定关系。还随着负载的大小发生变化。负载转矩越大，转子的转速越低。

③ 鼠笼式异步电动机。鼠笼式转子用铜条安装在转子铁芯槽内，两端用端环焊接，形状像鼠笼。鼠笼式电机结构简单、价格低。

④ 绕线式异步电动机。绕线式转子的绕组和定子绕组相似，三相绕组连接成星形，三根端线连接到装在转轴上的三个铜滑环上，通过一组电刷与外电路相连接。绕线式电动机结构复杂，价格高。

（2）其他常用电器元件

1）电阻。物质对电流的阻碍作用就叫该物质的电阻。电阻小的物质称为电导体，简称“导体”。电阻大的物质称为电绝缘体，简称“绝缘体”。在物理学中，用电阻来表示导体对电流阻碍作用的大小。导体的电阻越大,表示导体对电流的阻碍作用越大。

2) 电容。电容(或电容量,capacitance)指的是在给定电位差下的电荷储藏量;记为C,国际单位是法拉(F)。

3) 电感。电感是指线圈在磁场中活动时,所能感应到的电流的强度,单位是亨利(H)。也指利用此性质制成的元件。

4) 断路器。断路器按其使用范围分为高压断路器,和低压断路器,高低压界线划分比较模糊,一般将3 kV以上的称为高压电器。低压断路器又称自动开关,它是一种既有手动开关作用,又能自动进行失压、欠压、过载、和短路保护的电器。它可用来分配电能,不频繁地启动异步电动机,对电源线路及电动机等实行保护,当它们发生严重的过载或者短路及欠压等故障时能自动切断电路,其功能相当于熔断器式开关与过欠热继电器等的组合。

5) 继电器。继电器是一种电子控制器件,它具有控制系统(又称输入回路)和被控制系统(又称输出回路),通常应用于自动控制电路中,它实际上是用较小的电流去控制较大电流的一种"自动开关"。故在电路中起着自动调节、安全保护、转换电路等作用。

6) 不间断电源(UPS)。不间断电源(Uninterruptible Power System,UPS)是一种含有储能装置,以逆变器为主要组成部分的恒压恒频的不间断电源。主要用于给单台计算机、计算机网络系统或其他电力电子设备提供不间断的电力供应。当市电输入正常时,UPS将市电稳压后供应给负载使用,此时的UPS就是一台交流市电稳压器,同时它还向机内电池充电;当市电中断(事故停电)时,UPS立即将机内电池的电能,通过逆变转换的方法向负载继续供应220 V交流电,使负载维持正常工作并保护负载软、硬件不受损坏。

7) 整流器。整流器是一个整流装置,简单地说就是将交流(AC)转化为直流(DC)的装置。它有两个主要功能:第一,将交流电(AC)变成直流电(DC),经滤波后供给负载,或者供给逆变器;第二,给蓄电池提供充电电压。因此,它同时又起到一个充电器的作用。

8) 逆变器。逆变器(Inverter)是把直流电能(电池、蓄电瓶)转变成交流电(一般为220 V 50 HZ正弦或方波)。应急电源,一般是把直流电瓶逆变成220 V交流的。通俗地讲,逆变器是一种将直流电(DC)转化为交流电(AC)的装置。

2. 常用电器的用途

(1) 电动机的用途

1) 直流电动机的用途:直流电动机是将直流电能变为机械能的旋转电机。直流电动机最大优点是具有很好的起动特性和调速特性。直流电动机用于需要大力矩输出及调速的场合,如高精度吊车、高级电梯、伺服机构及直接由蓄电池供电的电动机构,如直流油泵、空压机等。直流电机主要作为交流电机的备用动力,在交流系统出现故障的时候由直流系统供电起到应急和备用的作用。在一些要求调速范围较宽的场合比较适用。

2) 交流电动机的用途:交流电动机分为同步电动机和异步电动机。异步电动机又称为感应电动机,电厂中的绝大部分电动机是异步电动机,用它来拖动的机械,如水泵、风机等。

异步电动机之所以得到广泛的应用,是因为它具有结构简单、运行可靠、维护方便、效率较高等优点,但也有缺点,如转速调节比较复杂。

(2) 其他常用电器元件的用途

1) 电阻:电阻器简称"电阻"(Resistor,通常用R表示)是所有电子电路中使用最多的元件。电阻的主要物理特征是变电能为热能,也可说它是一个耗能元件,电流经过它就产生内能。电阻在电路中通常起分压分流的作用，对信号来说，交流与直流信号都可以通过电阻。

2）电容：电容器从物理学上讲，它是一种静态电荷存储介质（就像一只水桶一样，你可以把电荷充存进去，在没有放电回路的情况下，刨除介质漏电自放电效应/电解电容比较明显，可能电荷会永久存在，这是它的特征），它的用途较广，它是电子、电力领域中不可缺少的电子元件。主要用于电源滤波、信号滤波、信号耦合、谐振、隔直流等电路中。

3）电感：电感是导线内通过交流电流时，在导线的内部及其周围产生交变磁通，导线的磁通量与生产此磁通的电流之比。

当电感中通过直流电流时，其周围只呈现固定的磁力线，不随时间而变化；可是当在线圈中通过交流电流时，其周围将呈现出随时间而变化的磁力线。根据法拉弟电磁感应定律——磁生电来分析，变化的磁力线在线圈两端会产生感应电势，此感应电势相当于一个“新电源”。当形成闭合回路时，此感应电势就要产生感应电流。由楞次定律知道感应电流所产生的磁力线总量要力图阻止原来磁力线的变化的。由于原来磁力线变化来源于外加交变电源的变化，故从客观效果看，电感线圈有阻止交流电路中电流变化的特性。电感线圈有与力学中的惯性相类似的特性，在电学上取名为“自感应”，通常在拉开闸刀开关或接通闸刀开关的瞬间，会发生火花，这就是自感现象产生很高的感应电势所造成的。

4）继电器：继电器是具有隔离功能的自动开关元件，广泛应用于遥控、遥测、通讯、自动控制、机电一体化及电力电子设备中，是最重要的控制元件之一。

继电器一般都有能反映一定输入变量（如电流、电压、功率、阻抗、频率、温度、压力、速度、光等）的感应机构（输入部分）；有能对被控电路实现“通”、“断”控制的执行机构（输出部分）；在继电器的输入部分和输出部分之间，还有对输入量进行耦合隔离，功能处理和对输出部分进行驱动的中间机构（驱动部分）。

作为控制元件，概括起来，继电器有如下几种作用。

① 扩大控制范围。例如，多触点继电器控制信号达到某一定值时，可以按触点组的不同形式，同时换接、开断、接通多路电路。

② 放大。例如，灵敏型继电器、中间继电器等，用一个很微小的控制量，可以控制很大功率的电路。

③ 综合信号。例如，当多个控制信号按规定的形式输入多绕组继电器时，经过比较综合，达到预定的控制效果。

④ 自动、遥控、监测。例如，自动装置上的继电器与其他电器一起，可以组成程序控制线路，从而实现自动化运行。

5）不间断电源（UPS）：可以保障计算机系统在停电之后继续工作一段时间以使用户能够紧急存盘，使您不致因停电而影响工作或丢失数据。它在计算机系统和网络应用中，主要起到两个作用：一是应急使用，防止突然断电而影响正常工作，给计算机造成损害；二是消除市电上的电涌、瞬间高电压、瞬间低电压、电线噪声和频率偏移等“电源污染”，改善电源质量，为计算机系统提供高质量的电源。

6）逆变器：通俗地讲，逆变器是一种将直流电（DC）转化为交流电（AC）的装置。它由逆变桥、控制逻辑和滤波电路组成。

第七节　自动控制及常用仪表的基础知识

一、后处理厂主要检测仪表及调节系统

后处理厂与其他化工企业一样，最常遇到的是温度、压力、流量、物位四种参数的检测问题。由于后处理厂工艺和检测介质的特殊性，对自控仪表来说，除了要满足主工艺和其他辅助工艺的生产和操作要求外，还要验证一系列新的测量仪表和控制设备在后处理厂应用的可靠性和安全性，并通过试验运行，对测量仪表和控制设备进行改进，取得必要的技术参数和运行经验。

后处理厂所有工艺参数的显示主要由 DCS 实现，在中央控制室集中显示，对于安全 2 级(即工艺 A 类与核安全有关的)模拟量测量参数采用两套独立的显示，即一套信号由 DCS 过程管理站显示，另一套测量信号送控制盘，由常规仪表显示；对于放化 3 级的重要模拟量参数(即工艺 B 类，非核安全级)，一般是一套，一次仪表 4～20 m A DC 送 DCS，1～5 V DC 信号送常规显示仪表；对于温度测量，一次测量元件选双支，热电偶或热电阻，一支接 DCS 站，另一支控制盘一次显示仪表。

根据后处理厂的特点，对放射性介质的测量采取了两类措施：

(1) 非接触测量：包括吹气仪表，抽芯式和贴壁式温度计等。

(2) 间接式测量：包括空气质量流量控制器，金属管浮子流量计等。

后处理厂的主要工艺参数及检测仪表类型请见表 2-8。

表 2-8　主要工艺参数及检测仪表类型

序号	工艺参数	检测仪表类型
1	界面，液面，密度，柱重，地漏信号	吹气仪表
2	温度	热电偶，铂电阻
3	放射性液体介质流量	空气提升系统，戽斗流量计
4	非放射性液体介质流量	戽斗，涡街
5	气体流量	浮子，孔板
6	压力，压差	电容，微差压
7	非放射性液体液面	浮筒，磁翻板

调节系统的执行机构有气动薄膜调节阀，可控硅调功器，接触器等，调节系统通过 DCS 实现。远距离操作的还有大量的气缸阀，大部分气缸阀通过控制台人工操作控制，少部分气缸阀与有安全功能要求的工艺参数连锁。对于有安全功能要求的安全二级的仪表和控制系统均采取了多重性和多样性措施。

后处理厂的主要工艺设备的调节系统见表 2-9。

表 2-9　主要工艺设备的调节系统

序号	工艺设备	调节系统
1	脉冲柱	进料流量，罐压，液面，界面
2	蒸发器	进料流量，液面，二次蒸汽压力，温度

续表

序号	工艺设备	调节系统
3	流化床	流化气雾化气流量，进料流量，流化气、雾化气、反吹气稳压罐压力，流化气、雾化气、反吹气稳压罐温度，床内压力、压差，床内温度
4	溶解器	温度，负压

二、DCS的基本知识

1. DCS的特点

DCS是分散控制系统的简称，国内一般习惯称为集散控制系统，是以微处理为基础的集中分散控制系统。它是一个由过程控制级和过程监控级组成的以通信网络为纽带的多级计算机系统，综合了计算机（Computer）、通讯（communication）、显示（CRT）和控制（control）等4种技术，其基本思想是分散控制、集中操作、分级管理、灵活配置、方便组态。它的主要特征是集中管理和分散控制，基本思路是：把集中的计算机控制系统分解为分散的控制系统，有专门的过程分散控制装置，在过程控制级各自完成过程中的部分控制和操作；从模拟电动仪表的操作习惯出发，开发人-机间良好的操作界面，用于操作人员的监视操作；为了使操作站与过程控制装置之间建立数据的联系，建立数据的通信系统，使数据能在操作人员和生产过程间相互传递。

DCS的特点如下。

（1）高可靠性

由于DCS将系统控制功能分散在各台计算机上实现，系统结构采用容错设计，因此某一台计算机出现的故障不会导致系统其他功能的丧失。此外，由于系统中各台计算机所承担的任务比较单一，可以针对需要实现的功能采用具有特定结构和软件的专用计算机，从而使系统中每台计算机的可靠性也得到提高。

（2）开放性

DCS采用开放式、标准化、模块化和系列化设计，系统中各台计算机采用局域网方式通信，实现信息传输。当需要改变或扩充系统功能时，可将新增计算机方便地连入系统通信网络或从网络中卸下，几乎不影响系统其他计算机的工作。

（3）灵活性

通过组态软件根据不同的流程应用对象进行软硬件组态，即确定测量与控制信号及相互间连接关系、从控制算法库选择适用的控制规律以及从图形库调用基本图形组成所需的各种监控和报警画面，从而方便地构成所需的控制系统。

（4）易于维护

功能单一的小型或微型专用计算机，具有维护简单、方便的特点，当某一局部或某个计算机出现故障时，可以在不影响整个系统运行的情况下在线更换，迅速排除故障。

（5）协调性

各工作站之间通过通信网络传送各种数据，整个系统信息共享，协调工作，以完成控制系统的总体功能和优化处理。

(6) 控制功能齐全

控制算法丰富,集连续控制、顺序控制和批处理控制于一体,可实现串级、前馈、解耦、自适应和预测控制等先进控制,并可方便地加入所需的特殊控制算法。

DCS 的构成方式十分灵活,可由专用的管理计算机站、操作员站、工程师站、记录站、现场控制站和数据采集站等组成,也可由通用的服务器、工业控制计算机和可编程控制器构成。处于底层的过程控制级一般由分散的现场控制站、数据采集站等就地实现数据采集和控制,并通过数据通信网络传送到生产监控级计算机。生产监控级对来自过程控制级的数据进行集中操作管理,如各种优化计算、统计报表、故障诊断、显示报警等。随着计算机技术的发展,DCS 可以按照需要与更高性能的计算机设备通过网络连接来实现更高级的集中管理功能,如计划调度、仓储管理、能源管理等。

2. DCS 的技术特性

1) 系统主要有现场控制站(I/O 站)、数据通讯系统、人机接口单元(操作员站 OPS、工程师站 ENS)、机柜、电源等组成。系统具备开放的体系结构,可以提供多层开放数据接口。

2) 硬件系统在恶劣的工业现场具有高度的可靠性、维修方便、工艺先进。底层汉化的软件平台具备强大的处理功能,并提供方便的组态复杂控制系统的能力与用户自主开发专用高级控制算法的支持能力;易于组态,易于使用。支持多种现场总线标准以便适应未来的扩充需要。

3) 系统的设计采用合适的冗余配置和诊断至模件级的自诊断功能,具有高度的可靠性。系统内任一组件发生故障,均不会影响整个系统的工作。

4) 系统的参数、报警、自诊断及其他管理功能高度集中在 CRT 上显示和在打印机上打印,控制系统在功能和物理上真正分离。

5) 整个系统的可利用率至少为 99.9%;系统平均无故障时间为 10 万小时,实现了核电、火电、热电、石化、化工、冶金、建材诸多领域的完整监控。

6) "域"的概念。把大型控制系统用高速实时冗余网络分成若干相对独立的分系统,一个分系统构成一个域,各域共享管理和操作数据,而每个域内又是一个功能完整的 DCS,以便更好地满足用户的使用。

7) 标准的控制组态软件。可以实现任何监测、控制要求。

8) 可扩展性和可裁剪性,保证经济性。

在系统功能方面,DCS 和集中式控制系统的区别不大,但在系统功能的实现方法上却完全不同。

首先,DCS 的骨架——系统网络,它是 DCS 的基础和核心。由于网络对于 DCS 整个系统的实时性、可靠性和扩充性,起着决定性的作用,因此各厂家都在这方面进行了精心的设计。对于 DCS 的系统网络来说,它必须满足实时性的要求,即在确定的时间限度内完成信息的传送。这里所说的"确定"的时间限度,是指在无论何种情况下,信息传送都能在这个时间限度内完成,而这个时间限度则是根据被控制过程的实时性要求确定的。因此,衡量系统网络性能的指标并不是网络的速率,即通常所说的每秒比特数(bps),而是系统网络的实时性,即能在多长的时间内确保所需信息的传输完成。系统网络还必须非常可靠,无论在任何情况下,网络通信都不能中断,因此多数厂家的 DCS 均采用双总线、环形或双重星形的网络拓扑结构。为了满足系统扩充性的要求,系统网络上可接入的最大节点数量应比实际使用的节点数量大若干倍。这样，一方面可以随时增加新的节点，另一方面也可以使系统网络运行于较轻的通信负荷状态，以确保系统的实时性和可靠性。在系统实际运行过程中，各个节点的上网和下网是随时可能发生的，特别是操作员站，这样，网络重构会经常进行，而这种操作绝对不能影响系统的正常运行，因此，系统网络应该具有很强在线网络重构功能。

其次，这是一种完全对现场 I/O 处理并实现直接数字控制（DOS）功能的网络节点。一般一套 DCS 中要设置现场 I/O 控制站，用以分担整个系统的 I/O 和控制功能。这样既可以避免由于一个站点失效造成整个系统的失效，提高系统可靠性，也可以使各站点分担数据采集和控制功能，有利于提高整个系统的性能。DCS 的操作员站是处理一切与运行操作有关的人机界面（HMI-Human Machine Interface 或 Operator Interface）功能的网络节点。

3. DCS 的基本组成部分

（1）面向被控制现场的现场 I/O 控制站

组建系统时，通常需要将过程的输入和输出集中集成到该自动化系统中。

如果输入和输出远离可编程控制器，将需要铺设很长的电缆，从而不易实现，并且可能因为电磁干扰而使得可靠性降低。分布式 I/O 便是这类系统的理想解决方案：

① 控制 CPU 位于中央位置；

② I/O 设备（输入和输出）在本地分布式运行；

③ 功能强大的 PROFIBUS DP 具有高速数据传输能力，可以确保控制 CPU 和 I/O 设备稳定顺畅地进行通讯。

（2）面向操作人员的操作员站

操作员站是指安装了 PCS 7 OS 软件的 PC。操作员站连接到工厂总线，以便允许和自动化系统进行数据通讯。DCS 操作员站主要功能是为系统的运行操作提供人机界面，使操作员可以通过操作员站及时了解现场运行状态、各种运行参数、是否有异常情况发生。

操作员站的体系结构变化多样，可灵活地适应各种工厂规模和客户要求。操作员站可组态为单工作站系统或采用客户机-服务器体系结构的多工作站系统。

OS 服务器包含操作和监视系统以及中断和测量值归档的所有数据。它与自动化系统建立通讯连接。

（3）面向 DCS 监督管理的工程师站

工程师站是对 DCS 进行离线的配置、组态工作和在线的系统监督、控制、维护的网络节点，其主要功能是能提供对 DCS 进行组态，配置工作的工具软件（即组态软件），并在 DCS 在线运行时实时地监视 DCS 网络上各个节点的运行情况，使系统工程师可以通过工程师站及时调整系统配置及一些系统参数的设定，使 DCS 随时处在最佳的工作状态之下。与集中式控制系统不同，所有的 DCS 都要求有系统组态功能。

三、后处理厂常用的几类检测仪表

在实现后处理厂的工艺参数检测过程中，除了使用一些常用的检测仪表外，还选用了若干种由国内有关单位自行开发研制的间接式和非接触式的测量仪表，用于工艺过程强放料液流量的测量和控制，用于主要工艺设备（溶解器、萃取分离设备、蒸发器、各类贮槽）的温度、液位、液位信号、密度、界面高度、脉冲柱柱重、液泛监测等重要工艺参数的测量。

本节对后处理厂选用的几种特殊的检测仪表做一简要介绍。

1. 热电偶温度计

工作原理：根据热电效应，将两种不同的导体接触并构成回路时，若两个接点温度不同，回路中便出现毫伏级的热电势，这个电势可准确反映温度。

后处理工艺中的温度测量仪表主要有抽芯式铠装热电偶温度计，铠装热电偶温度计，铂热电阻温度计以及双金属温度计，其中抽芯式铠装热电偶温度计用于测量设备室和热室内的设备温度，具有非接触，更换、检修、维护方便等特点，因此在后处理工艺中得到广泛应用。

图 2-18 为用抽芯式铠装热电偶非接触测量中放废液蒸发器温度的安装示意图。热电偶保护管(ϕ18×3 P)穿过红区混凝土防护墙的弧形套管(ϕ38×3 P)进入设备室，与蒸发器预留的底端头封死的套管管嘴焊接。铠装式热电偶(外径 ϕ4～ϕ6)沿 ϕ18×3 保护管内孔插入到蒸发器温度计套管的底端头平面。使铠装热电偶能较好地测出蒸发器内介质的温度。这种安装方式，使检修人员可在红区防护墙外的绿区安装和检修测温元件。

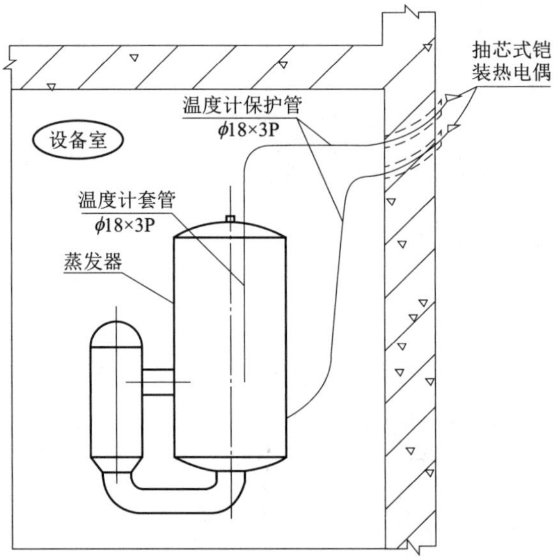

图 2-18　抽芯式铠装热电偶非接触测量中放废蒸发器温度的安装示意图

2. 质量流量控制器

目前常见的质量流量计有差压式质量流量计、动量矩式质量流量计、科氏力式质量流量计以及热式质量流量计等。

后处理工艺中主要采用 D07 系列热式质量流量控制器和 MC 系列差压式质量流量控制器。

(1) D07 系列热式质量流量控制器

D07 系列热式质量流量控制器由流量传感器、分流器通道、流量调节阀和放大控制电路等部件组成。流量传感器采用毛细管传热温差量热法原理测量气体的质量流量(无需温度压力补偿)。将传感器加热电桥测得的流量信号送入放大器放大，放大后的流量检测电压与设定电压进行比较，再将差值信号放大后去控制调节阀门，闭环控制流过通道的流量使之与设定的流量相等。分流器决定主通道的流量。与之配套的流量显示仪上设置有稳压电源，3

位半数字电压表，设定电位器，外设、内设转换和三位阀控开关等。控制器输出的流量检测电压与流过通道的质量流量成正比，满刻度(F. S)流量检测输出电压为+5 V。控制操作一般在流量显示仪上进行。当设定开关打到“内”设时由设定电位器 W 控制流量。当打到“外”设时，由用户提供的 0～+5 V 电压控制流量。

在显示面板上还设置有三位阀门控制开关，当置“关闭”位时，阀门关闭；当置“清洗”位时，阀门开到最大以便气路清洗，或作为流量计使用；当置于“阀控”时，自动控制流量。

质量流量控制器工作原理如图 2-19 所示。

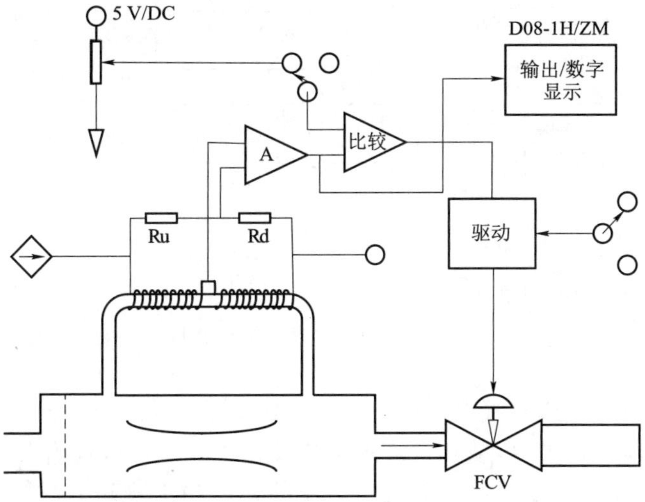

图 2-19　质量流量控制器工作原理图

(2) MC 系列差压式质量流量控制器

MC 系列差压式质量流量控制器基于精确地测量体积流量。体积流量的确定则是通过创造一个压降经过一个独一无二的内部限制条件，名称为层流组件，并且通过它测量差压。这个限制条件被设计出来从而导致气体分子被迫按照平行的方式流过通道的全部长度，因此层流被建立来针对设备操作的全部量程。不像其他的流量测试设备，在层流流量控制器中压降和流量的关系是线性的。

这种流量测试方法可产生好几种超越热式流量设备的优点。比如，更低的流量状态下拥有更短的响应时间和更高的灵敏性。

MC 系列差压式质量流量计和控制器的设计提供超过其他类型的层流质量流量计的优点如下：

1) 无直管段安装要求；

2) 气压和温度(密度)内置提供；

3) 简单，安装位置要求不高；

4) 实时数字功能提供一个宽大的选项范围而不需附加的软件工具。

3. *戽斗流量计*

戽斗流量计适用于放射性或非放射性料液的微小流量测量。该流量计本身也构成一个小流量调节系统。若戽斗流量装置在设备室内则通过磁连接轴与室外的传动装置相连接。

计量装置槽内装有浮球式液位信号计,用于监视液面位置发出报警。戽斗流量计由一次装置和二次仪表组成,不用常规的调节阀或计量泵而自成调节系统。戽斗流量计工作原理如图 2-20 所示。

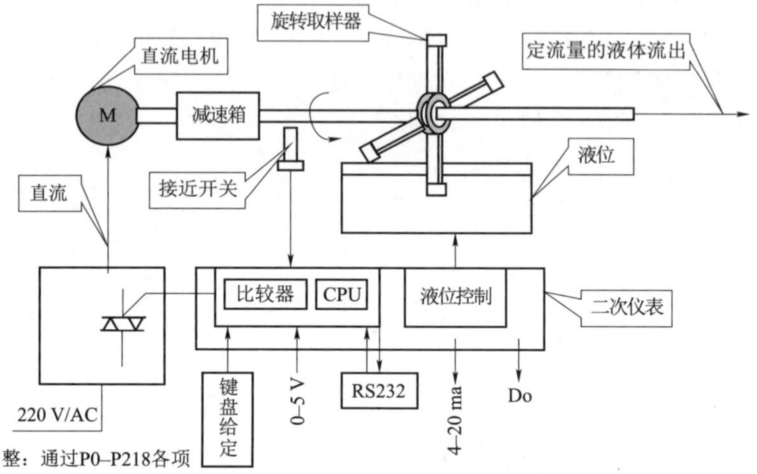

图 2-20 戽斗流量计工作原理

一次装置主要由旋转式取液器、执行机构和液面调节器三个部分组成。旋转式取液器定量将装置中的液体打入出口,使其自流到工艺设备中。执行机构由电机、减速机和测速传感器组成,在二次仪表控制下按给定流量相对应的转速稳定旋转并拖动旋转式取液器。液面调节器的作用是自动保持装置中液面的恒定,以保证控制流量的精度,通过调节浮子位置的高低来调整液面的高低。

二次仪表是以单片机为核心的转速自动调节系统。通过二次仪表面板上的键盘键入流量给定值,仪表通过标定数据表计算出与流量相对应的转速值——给定转速值。这个给定值与一次装置中测速传感器反馈回来的测速脉冲信号在单片机中进行比较,然后经过微分和积分调节可控硅触发脉冲的导通时间——导通角,通过可控硅功率放大电路输出的直流电压来控制电机的转速,使电机的转速与给定转速值相等。

二次仪表由内部电路——单片机为核心的计算机系统和外部电路——可控硅触发控制电路、通信接口、模拟接口、测速接口、继电器控制等组成的控制系统两大部分组成。内外电路之间采用光电隔离电路以提高整机的抗干扰能力。

4. 吹气装置

在后处理工艺中,物位测量主要包括各种贮槽液位和界面的测量以及脉冲萃取柱液位和界面的测量。其中非放射性区域的液位测量采用了常用的磁浮球液位计,放射性区域的贮槽和脉冲萃取柱的液位和界面的测量采用了在放射性区域无可维修部件的吹气测量仪表。另外,脉冲萃取柱的柱重、密度测量也采用吹气测量仪表。

(1) 吹气测量仪表简介

吹气测量仪表主要由吹气管、吹气装置、差压仪表(差压变送器、微差压控制器)等组成。其中吹气装置有 A、B、C 三种结构形式(见图 2-21)。其中 A 型吹气装置上有 3 根吹气管,B 型有 2 根,C 型有 4 根吹气管。根据不同的工艺检测要求,选用不同类型的吹气装置和差压变送器组合，构成不同的检测系统。吹气装置内部主要由玻璃管浮子流量计和减压阀组成。其功能是将 0.3 MPa 的气源，经过减压后将压力降到 0.15 MPa 分配给各吹气管，在吹气装置内各吹气管上还装有一个玻璃管浮子流量计，可以观察各吹气管的气体流量，同时可以调节气体流量，控制吹气量（通过调节浮子流量计下方的螺钉调节开关的开度来实现）。吹气装置是吹气测量系统的重要设备，它起到控制气源压力和吹气流量，引压至差压变送器等作用。也是吹气测量系统必不可少的中间环节。

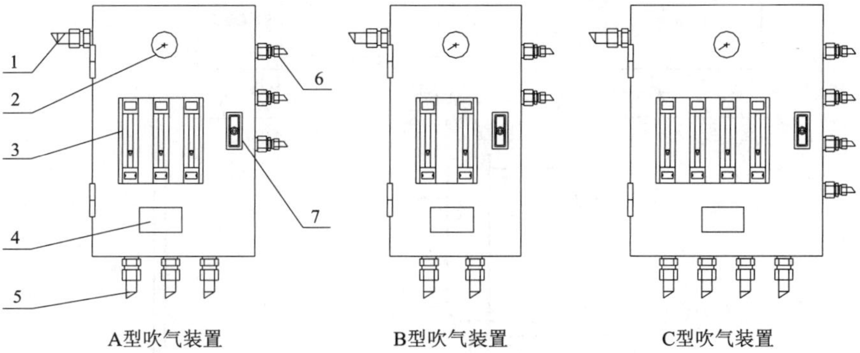

图 2-21　吹气装置

1—气源接口；2—减压阀；3—浮子流量计；4—铭牌；5—吹气管接；
6—变送器导压管接口；7—仪表锁

（2）吹气测量仪表工作原理

吹气测量系统中，吹气装置将气源干管上的 0.3 MPa 的气源减压至 0.15 MPa 后通过吹气管吹至设备内。各吹气管根据不同的检测要求，吹气管插入设备内的深度不同，其插入深度是通过计算设计好的。将气体吹入工艺设备内需要克服设备内介质压力，由于吹气管插入设备内的深度不同，各吹气管需克服的压力也各不相同，通过安装在吹气管另一头的连接两根吹气管的差压变送器或微差压控制器等检测仪表，就可以检测到两吹气管间的差压值，再将差压值送到主控室 DCS 按预先设定的公式进行计算，就可以得到相应的工艺参数。变送器与吹气管连接方式见图 2-22。

（3）吹气测量系统计算公式简介

吹气测量系统测量的各种工艺参数包括液位、界面、柱重和密度等均是采用非接触式间接测量，工艺参数均需要通过 DCS 将差压数据进行计算得到，所以吹气测量系统的计算公式也是它的一个重要部分，也是最终得到准确工艺参数数据的关键。

① 基本运算公式

$$\Delta p = D \times g \times L \times 10^{-3} \tag{2-4}$$

式中：Δp——液位测量差压变送器 LT 测得的压差，kPa；

D——密度，g/cm^3；

g——重力加速度，9.798 m/s^2；

L——液位高度，mm。

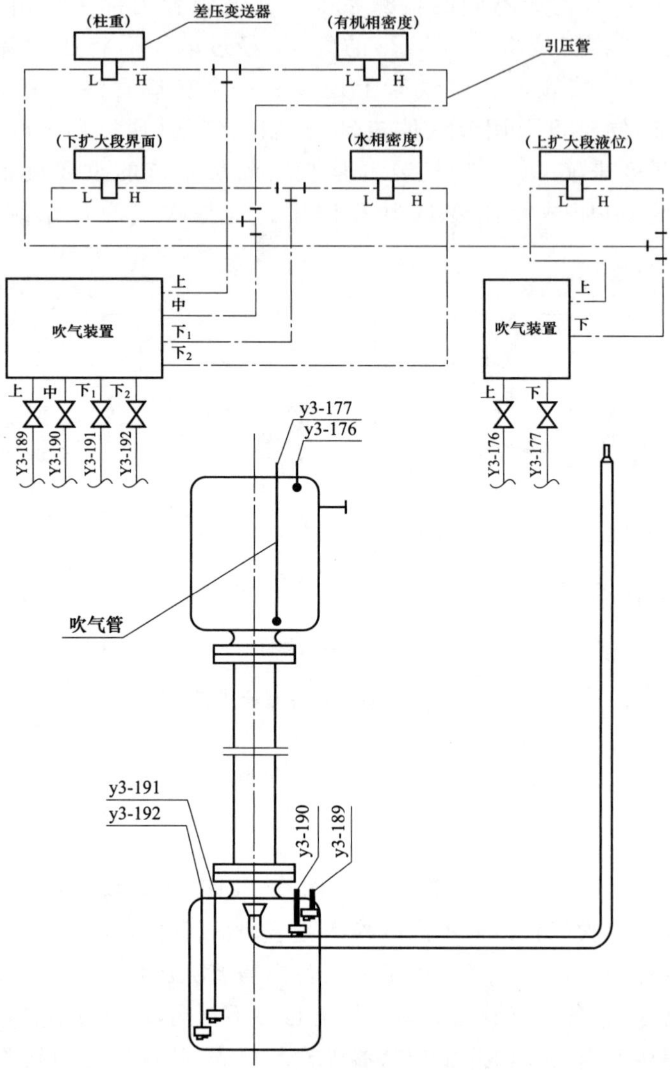

图 2-22 变送器与吹气管连接方式示意图

② 液位测量运算公式

单一介质：$L=(\Delta p\times 10^3)/(D\times g)$

含两相料液：$L=((\Delta p_L-\Delta p_i)\times 10^3)/(D_0\times g)+H_i$ (2-5)

式中：Δp_L——液位测量差压变送器 LT 测得的压差，kPa；

ΔP_i——界面测量差压变送器 LiT 测得的压差，kPa；

D_0——有机相密度，g/cm^3；

H_i——界面测量吹气管位差，mm。

③ 密度测量运算公式

$$D=(\Delta p_D\times 10^3)/(H_D\times g) \quad (2\text{-}6)$$

式中：Δp_D——密度测量差压变送器 DT 测得的压差，kPa；

H_D——密度测量吹气管位差，mm。

④ 柱重测量运算公式

$$D_W=(\Delta p_W\times 10^3)/(H_W\times g) \tag{2-7}$$

式中：D_W——脉冲柱板段间水相有机相混合液的密度，即柱重，g/cm³；

Δp_W——柱重测量差压变送器 WT 测得的压差，kPa；

H_W——柱重测量吹气管位差，mm。

⑤ 界面测量运算公式

$$L_i=(\Delta p_i\times 10^3-D_0\times g\times H_i)/((D_a-D_0)\times g)$$

式中：Δp_i——界面测量差压变送器 LiT 测得的压差，kPa；

H_i——界面测量吹气管位差，mm；

D_a——水相密度，g/cm³；

D_0——有机相密度，g/cm³。

(4) 吹气测量仪表在脉冲萃取柱上的应用

吹气仪表测量脉冲萃取柱内液位、界面、柱重、密度等参数，是通过吹气管向柱内通入压缩空气，再通过吹气管另一端的差压变送器测得两根吹气管管口的静压差经计算得出的。在脉冲柱处于静态时，吹气仪表能准确测量吹气管管口差压。但是为了能达到脉冲萃取柱萃取分离的目的，使有机相和水相充分的混合，脉冲萃取柱必须在打脉冲的工况下运行。在打脉冲时，脉冲柱内介质随脉冲上下波动，随着柱内介质的上下波动，使吹气管管口感受到很强的动压，这种不断变化的动压严重干扰了吹气仪表的测量。为此，对吹气测量仪表和脉冲萃取柱进行如下改进，以满足测量的需要。

① 在吹气仪表管上增加"气容罐"，如图 2-23 所示。

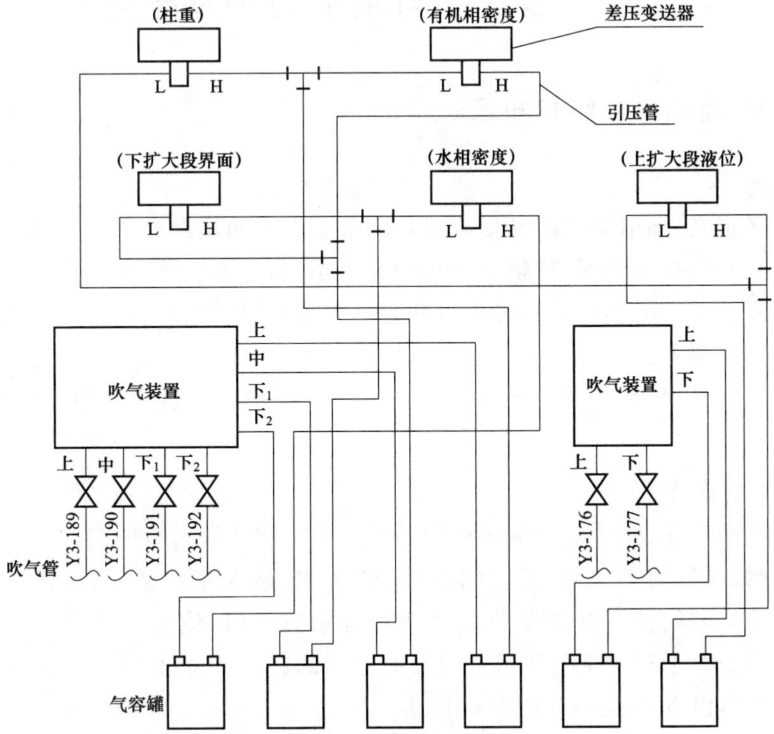

图 2-23　加装"气容罐"后的气路管线图

② 取消脉冲腿出口的“莲蓬头”,并伸入筛板段内 150 mm。

吹气仪表管从扩大段侧壁插入,直接开口并焊接于扩大段的内壁,其结构如图 2-24 所示。

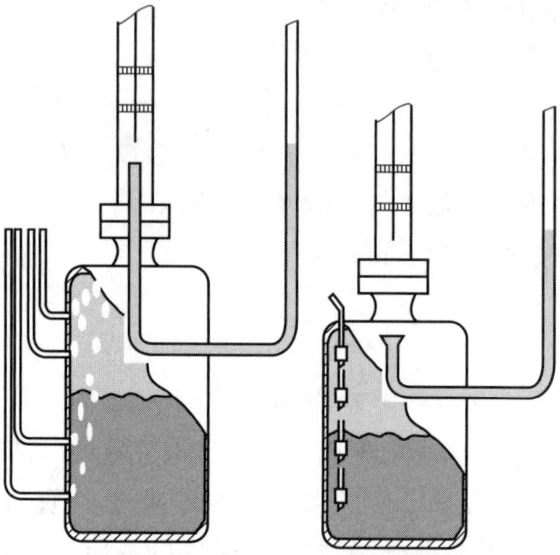

图 2-24 脉冲腿和吹气仪表管的改进结构图

经过以上的改进,减小了脉冲对吹气管的冲击影响,保证了脉冲萃取柱工艺参数的正常测量。

第八节 核安全与辐射防护基础知识

一、核安全与辐射的防护知识

1. 辐射的定义

辐射的广义定义:辐射是以波动形式或运动粒子形式向周围介质传播的能量,是一种能量传播的方式。它包括声辐射、热辐射、电磁辐射、α 辐射、β 辐射、γ 辐射、中子辐射等。根据辐射能量的高低或其电离物质的能力可分为电离辐射和非电离辐射。通常辐射防护上关心的对象就是电离辐射。

辐射的狭义定义:仅指高能电磁辐射(光辐射)和粒子辐射,此处辐射也称“射线”。

2. 核辐射

(1) 核辐射的概念

核是原子核的简称,辐射是能量传播的一种形式。有些辐射也叫射线,是运动着的粒子或光(量)子,例如常见的 X 射线,通常叫 X 线,或 X 光,是 X 射线机工作时发出来的一种辐射。它可以穿透我们的身体或钢铁工件,留下影像;它还可以使空气“电离”,生成负离子和正离子。核辐射是原子核发生变化过程中发射出来的粒子和光子所组成的辐射,核辐射也称放射性。核辐射像 X 射线一样能穿透物质并使物质原子电离。核辐射和 X 射线这样能使任何物质的原子发生电离的辐射称为电离辐射。普通光线、红外线、紫外线、微波等都不属于电离辐射,因为它能量小,不能使原子发生电离。

电离辐射是指能量高能使物质发生电离作用的辐射,也就是能引起物质电离的带电离粒子或不带电电离粒子构成的辐射,或两者混合组成的任何辐射。电离辐射是辐射防护领域管理内容。

电离辐射有许多用途,但使用中特别要注意安全防护。过量接受核辐射及X射线会引起伤害。

利用核能发电,提供热能的锅炉是核反应堆,使用的燃料主要是铀。铀原子核是自然界最重的,天然就是放射性的。铀核有92个质子,140多个中子,这种组成很不稳定。发电利用的是铀-235(92个质子,143个中子),再有一个中子进来铀核就彻底崩解,分裂成两个并不相等的中等原子核,同时放出巨大的裂变能。两个新生成的核裂变产物中子还是过多,都是不稳定的,要经过一系列的衰变才能达到稳定状态。这些裂变产物核放射性很强,比较重要的有几十种,有的半衰期还很长。所以核能产生会有放射性核素伴随着产生。

(2) 半衰期的概念

半衰期(Half-Life)是放射性核素的一个特征量,意思是核素的放射性活动减少一半所需要的时间。我们观察到的任何一块物质中包含着很大数目的原子,放射性物质中是大量不稳定原子核,当原子核以发射粒子的形式向外抛出能量后就变成了另外一种原子核,这个过程叫原子核的衰变。不稳定核的衰变并不是同时发生的,不稳定核谁先达到发生衰变的状态是随机的。但是对于大量的核来说,在某一时刻,单位时间内发生核衰变的数目在统计上有一个确定的份额。单位时间内发生核衰变的数目叫放射性活度(通常都说成“强度”),测量核辐射就可以确定该核素此时的活度。活度减小一半也就是放射性核素的原子核减少一半。活度的单位是“贝可”(Bq),每秒衰变1次为1贝可。放射性核素的减少,只有靠它自己的衰变,我们不能使它停止或加速,即无法“灭活”。有的核素半衰期很短,有的很长,几十年,几千年,几百年,几百万年甚至更长。

(3) 核衰变放出的核辐射的种类

原子核衰变放出的辐射有三种主要类型,分别以希腊字母表的前三个字母命名,他们是。

α(阿尔法)粒子:或叫α辐射,是带正电的重粒子。

β(贝塔)粒子:或叫β辐射,是电子,带电的轻粒子。

γ(伽马)光子:即γ射线,是电磁辐射,没有质量。

α粒子的质量是电子的7 000多倍,它在空气中只能穿行几厘米,一张纸就可以完全阻挡住它,所以α粒子只有当发射它的母体核素进入人体内时才会形成核辐射照射,即只是“内照射”危险。β粒子在空气中可穿行几米远,它既可能“内照射”,也可以对人体表面裸露的器官(如皮肤、眼睛等)构成“外照射”危险,特别是人体表面受到“核污染”时,或者放射性物质沾染在衣服上、地面上、工具等物品上。β辐射的内照射危险和外照射危险都不可忽视。γ辐射穿透力很强,一般的铅防护服对它也阻挡不了多少,主要是来自污染物的外照射危险。α辐射只发生在很重的(质量数大于20)原子核上,三个天然放射系中连续衰变的核素大多是α发射体。人工放射性核素除了超铀核素外都是发射β辐射和γ辐射的。应当知道,发射α辐射或β辐射的核素也多伴随有γ辐射或X辐射发射出来,纯β辐射体较少。不同射线的穿透能力如图2-25所示。

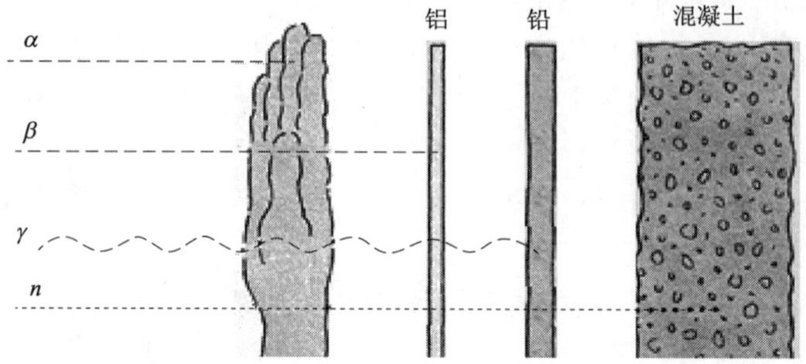

图 2-25 不同射线的穿透能力

(4) 电离辐射源的来源

生活中的辐射来源于天然辐射和人工辐射。

自然界中天然辐射有三个方面。

一是地球上的原生放射性核素:目前已知的有 31 种,其中包括三个天然放射系的衰变起始核。这三个放射系分别经过 14 次、11 次和 10 次连续衰变后达到稳定核素。这三个起始核是铀-238、铀-235、钍-232。这些起始核和那些不成系列的放射性核素,半衰期都很长,因而从地球形成至今尚未衰变完。例如钾-40,半衰期 12.6 亿年,它在全部钾元素的原子中占的份额仍有万分之一还多些。

二是宇宙辐射:来自宇宙空间的初级及次级辐射,其中有些是能量非常高的粒子。初级宇宙辐射的来源并不都清楚。从外层空间到达地球的高能初级粒子以及它们与大气层空气相互作用产生的次级粒子所组成的辐射称宇宙辐射。

三是宇生核素:宇宙射线的高能粒子在地球大气中通过与稳定的原子发生核反应制造出来的放射性核素。

来自太空的宇宙辐射,有地球大气层保护我们。平均来说,到达大气层顶端的粒子,在每平方厘米的范围内,每分钟大约有 60 个,而在海平面处,每平方厘米的范围内,每分钟只有 1.5 个。这些穿透了厚厚大气层的粒子也是很难防护的。在地面上宇宙射线造成的平均辐射剂量每年约有 0.4 毫希。但在高山上、飞机上,大气层的保护作用就少多了。例如,从北京到欧洲飞机往返一次所受剂量就是 0.04 毫希。对于大多数人乘飞机的时间并不多,但去医院做一次 CT 胸部检查,就大约要受 10 毫希剂量。

地球上的原生和宇生放射性核素,分布在岩石、土壤、水、空气中,既然有 γ 辐射的外照射,也会通过吸入和食入途径进入身体里形成内照射,总计每年的剂量约 2 毫希(地上的外照射 0.5 毫希,吸入 1.2 毫希,食入 0.3 毫希,全球平均值),吸入内照射主要来源是氡气(及其衰变子体),一般说室内的外照射剂量和氡浓度水平都比室外高,因为建筑材料中天然放射性核素也是产生氡的母体,国家对建材中的放射性和室内氡气的浓度都有控制标准,开窗通风可减少氡浓度。

人工辐射通常包括医疗辐射(放射诊断、放射治疗、核医学)、核试验、核电站、核燃料循环、核技术应用、核事故和核辐射事故等。

(5) 电离辐射特点

1) 看不见、摸不着,只能用仪器才能探测到;

2）有大小不等的穿透能力；

3）通过物质时能产生电离作用，正是电离作用对人的健康产生影响。

3. 电离辐射相关的量与单位

（1）活度

放射性核素在单位时间内原子核的衰变数，即衰变率，称为放射性活度，用来表征放射性强弱。放射性活度单位：Bq（贝克）。

1 Bq＝1 次衰变/秒

贝克是用来表示一个辐射源的强度（衰变率）。

另一个常用的旧的单位是 Ci（居里）。

$$1\ \text{Ci} = 3.7 \times 10^{10}\ \text{次衰变/秒}$$

$$1\ \text{Ci} = 3.7 \times 10^{10}\ \text{Bq}$$

（2）吸收剂量

单位质量的物质（千克）吸收的辐射能量（焦耳），称为吸收剂量。是度量单位质量照射物质吸收辐射能量多少的一个量。定义为电离辐射授予某一体积元中物质的平均能量除以该体积元中物质的质量的商。

$$D = \frac{d\bar{\varepsilon}}{dm} \tag{2-8}$$

吸收剂量的单位：戈瑞，Gy，它定义为 1 Gy＝1 焦耳/千克（J/kg）。历史上曾使用过的单位：拉德，rad。

1 Gy＝100 rad

每小时平均接受的吸收剂量称为吸收剂量率，单位戈瑞/小时（Gy/h），也有毫戈瑞/小时（mGy/h），微戈瑞/小时（μGy/h）。

（3）当量剂量

不同种类的辐射（α，β、γ、中子）照射人体，虽使人体有相同的吸收剂量，但却会造成不同的伤害现象。

为此，针对不同种类的辐射定出辐射权重因子（W_R），代表不同辐射对人体组织造成不同程度的生物伤害，它们的值列于表 2-10。

表 2-10 辐射权重因子

辐射种类	辐射权重因子 W_R
光子，电子及介质，所有能量	1
质子（不包括反冲质子），能量大于 2 MeV	5
中子	5～20
α 粒子、裂变碎片、重核	20

吸收剂量虽然适用于任何物质和任何辐射，但是辐射的生物效应不仅与单位质量的物质中吸收的能量有关，而且与这种能量吸收的微观分布关系很大。α 辐射在生物组织中产生非常密集的电离即其能量损失率很高，对细胞的“杀伤力”就大。相比之下，β 辐射和 γ 辐射产生的电离密度要稀疏得多，虽然 β 辐射的吸收剂量与 α 辐射的相同，生物效应相差很

大。另外,对于一个人来说,不同器官组织的敏感性及后果的严重性程度也不同,如果一部分器官受到辐射,如何考量辐射对人的危害呢?将吸收剂量用于防护,必须考虑这些因素后作出某些调整。

辐射防护使用两个“权重因子”对此做出调整。

1) 辐射权重因子(W_R)

按照辐射类型规定 W_R的数值,对器官或组织接受的平均吸收剂量“加权”(即相乘)调整后的量叫器官的当量剂量,用公式表示当人体器官或组织受到 β 辐射时,器官当量剂量=器官的平均吸收剂量×辐射的权重因子,举例说,对于 α 辐射,$W_\alpha=20$,对于(或 γ)辐射,$W_\beta=1$,若器官吸收的 α 辐射能量用吸收剂量度量时与 β 辐射剂量相同,用当量剂量度量就相差 20 倍。W_R反映了 α 辐射的“相对生物效能”比 β 辐射大得多。

2) 组织权重因子(W_T)

按照人体各器官受到相同当量剂量的辐射对总危害的贡献大小确定其数值(分数),全身各器官的权重分数之和等于 1。器官当量剂量用 W_T乘,然后相加起来得到的量叫有效剂量。

当量剂量即为人体的器官或组织中的平均吸收剂量 $D_{T,R}$ 与辐射权重因子 W_R的乘积。

$$H_{T,R}=W_R\cdot D_{T,R} \tag{2-9}$$

式中:W_R——辐射权重因子;

$D_{T,R}$——器官、组织的平均剂量。

当量剂量的 SI 单位:希沃特简称“希”,Sv,也有毫希沃特 mSv。

$$1\ \text{Sv}=1\ \text{J/kg}$$

历史上曾使用过的单位:雷姆,rem。

$$1\ \text{Sv}=100\ \text{rem}$$

从辐射权重因子数值可知,α 粒子虽然穿透力很弱但健康危害却很大,如把铀-235 等放射 α 粒子的同位素吃进体内,则会对体内组织造成较大伤害。

(4) 有效剂量

当所考虑的效应是随机效应时,在全身受到不均匀照射的情况下,人体所有组织或器官的加权后的当量剂量之和。

$$E=\sum_{T}W_T\cdot H_T \tag{2-10}$$

式中:W_T——组织 T 的权重因子;

H_T——器官或组织的当量剂量。

有效剂量的 SI 单位:希沃特,Sv。

$$1\ \text{Sv}=1\ \text{J/kg}$$

历史上曾使用过的单位:雷姆,rem。1 Sv=100 rem

在日常职业照射中有效剂量和当量剂量用于评价全身或器官的辐射危险,它们的单位名称叫希沃特简称“希”。

当量剂量、有效剂量等以“希”为单位的量是为了把剂量和生物效应联系起来。在这种剂量学量的设计上,采用了“平均吸收剂量”加权的做法,用来大致评价人所遭受的辐射危害,这在小剂量的情况下(如日常职业照射所遇到的情况)是适当的,因为剂量和效应成正比，这种效应的发生是“随机”性的。如果一个人在严重辐射事故中受到很大的辐射剂量，而且照射又不均匀，用平均剂量显然不合适，而且剂量很大会出现确定性的效应，这种效应并不正比于剂量。所以在大剂量情况下，就应该用未加权的吸收剂量并考虑其后果。

（5）照射量

照射量是用来表示 X 或 γ 辐射在空气中电离能力的大小。用来表示 X 或 γ 射线在单位质量小体积元（dm）空气中，释放出来的全部电子（负电子和正电子）被完全阻止在空气中时，空气中形成的一种符号的离子总电荷（dQ）的绝对值。

$$\text{照射量}=\mathrm{d}Q/\mathrm{d}m \tag{2-11}$$

照射量的国际制单位：库仑/千克（C/kg）；

惯用单位：伦琴（R）、毫仑（mR）、微仑（μR）。

$$1\ \mathrm{R}=2.58\times10^{-4}\ \mathrm{C/kg}$$

4. 辐射健康危害与辐射防护的基本方法

（1）核污染

核污染应该理解为放射性核素污染或放射性污染，指的是我们所考虑的物质中或表面上，存在有不希望有的放射性物质的量，超过了其天然存在量并导致技术上的麻烦或危害。衡量污染程度可用物质单位体积中的放射性活度（简称活度、浓度，贝克/立方米）或单位质量的活度（贝克/千克），对于表面污染，用单位面积上的放射性活度（称表面活度，贝克/平方米）。

了解核污染情况可用估算内照射剂量。如果空气和水、土壤都受到污染，整个食物链都会受到影响。测量空气、水和食物中的污染量，就可大体估算出人可能受到的内照射剂量，进而做出相应的决断。

另外，从污染区域来的人，衣服上和身体上及物品上可能会有放射性尘埃（放射性气溶胶沉淀或受污染的土壤附着）。测量人体的表面污染也是必要的卫生措施。如有污染可以用多种方法去污（吹去或洗去放射性颗粒），免得污染了清洁地方或危害自身的健康。

（2）辐射生物效应

辐射在本书中是指电离辐射的简称，电离辐射是能引起物质电离的带电粒子或不带电粒子构成的辐射。具有一定能量的带电粒子如 α 和 β 粒子可以与原子中的电子直接碰撞后将其击出，形成一个离子对，称为直接电离。不带电离子例如 γ 射线、X 射线和中子引起的电离是它们与物质相互作用后产生的次级带电粒子引起的，称为次级电离。机体受到各种电离辐射的作用称为辐射照射，或简称“照射”。

各种辐射照射对人类的健康危害是在人类不断发现、利用各种电离辐射的过程中被认识到的。1895 年伦琴发现了 X 射线，时隔一年 Stone Scott 就报告操作人员手部皮肤损伤共 96 例。后来发现它不但可以引起皮肤溃疡还可导致皮肤癌。与此同时，贝克勒尔发现天然放射性，其后不久居里夫人发现镭，她因手持含镭容器手指受到烧伤。镭用于发光涂料之后，一些从事表盘涂镭工作的女工死于骨恶性肿瘤。第二次世界大战末期原子能被用于战争，结果造成空前的核灾难，原子弹爆炸引起的癌症病例至今仍在陆续出现。为制造原子弹而采铀的美国、德国、捷克等国家的一些矿工由于受到矿井下氡子体的作用死于肺癌。今天，随着辐射源和核能的广泛和平利用，在给人类带来巨大利益的同时，也使人类接触各种射线的机会明显增加。其中包括从事某种职业的过程中受到的照射，因接受医学诊断和治疗而受到的医疗照射,以及一般居民从所有其他辐射源受到的公众照射。因此,人类应该在最大限度利用电离辐射源和核能的同时加强辐射防护,尽量避免和减少电离辐射引起的健康危害。

人类接受辐射照射后出现的健康危害,来源于各种射线通过电离作用引起组织细胞中原子及由原子构成的分子的变化,这些变化也是原子激发的结果。电离和激发主要通过对DNA分子的作用使细胞受到损伤,导致各种健康危害。

(3) 辐射健康危害

电离辐射对健康的危害是存在的,但正如国际辐射防护委员会所强调的,对待电离辐射需要的是谨慎,而不是恐惧,而且电离辐射的危险应当与其他危险放在一起全面地衡量。只要现有的控制手段运用得当,在我们面临的众多危险当中,电离辐射照射的危害仍是次要的。我国核工业运行50多年,从未发生过致死性辐射照射事故,放射工作人员流行病调查结果显示,癌症死亡率低于全国中小城市水平,核设施周围儿童先天畸形比例处在正常范围。辐射是可防的,剂量是可控的,工作人员和居民的健康是有保障的。

5. 辐射防护

从科学上说,辐射防护是随着电离辐射的应用,特别是核反应堆出现以后的大规模工业应用,形成的一门新的具有实用性和综合性的边缘科学,可概括为辐射防护是防护电离辐射对人及环境产生有害效应的科学。在技术层面上,辐射防护是为了达到总的安全目标开展的各方面技术工作,包括技术安全管理、辐射防护监测、辐射防护措施及辐射事故应急等,也与保证防止电离辐射危害的管理体系和法律相联系。

电离辐射和放射性物质在自然环境中天然存在着,人类发现了它们后找到了许多用途,开发的新技术为人类带来巨大利益的同时也产生了更多的放射性物质,在这种现实情况下,原则上说,辐射防护的主要目的是为人类提供一个适宜的防护标准而不至过分的限制照射的有益实践。具体来说,辐射防护的目标就是使剂量保持在有关阈值以下,防止确定性效应发生,并保证采取合理的措施以减少随机性效应的诱发。

6. 外照射防护的基本方法

根据放射性射线对人体的作用方式,又可分为内照射和外照射。

外照射是指辐射源位于人体外对人体造成的辐射照射,包括均匀全身照射、局部受照。外照射可引起内部器官组织或皮肤的损伤。

在核电厂,可能引起外照射的射线是γ、β和中子。

通常认为α辐射没有外照射的危害,因为它不能穿透外层皮肤。外照射危害可以由β、X、γ射线或中子辐射产生,它们都能穿透到人体的敏感器官。用以下三种方法来控制外照射危害(外照辐射的防护)。

(1) 时间防护(Time):在具有特定剂量率的区域里工作的人,其积累剂量正比于他在该区域内停留的总时间。因此可以限制他在该区域内停留时间的方法来控制他所接受的剂量。

(2) 距离防护(Distance):对于点源,剂量率与距离的平方成反比。因此要远距离操作,任何源不能直接用手操作。

(3) 屏蔽防护(Shielding):屏蔽体的需要量取决于辐射的类型、源的放射性活度以及在屏蔽材料外面可接受的剂量率。

α射线穿透率能力很差，一张普通薄纸就足以挡住。从人体外照射角度上，人在工作期间穿上工作服，工作鞋，戴上口罩、手套就可将α射线挡住，甚至还可以被人身上皮肤所阻挡。所以不存在屏蔽问题。

7. 内照射防护的基本方法

内照射存在于人体内的放射性核素对人体造成的辐射称为内照射。

放射性物质进入人体的主要途径有：从消化道进入人体（食入）；从呼吸道进入人体（吸入）；从裸露伤口进入；通过皮肤渗入等进入人体。防护的关键在于切断造成内污染的各种途径。从防护的形式分为集体防护和个人防护。

内照射防护的原则采取各种技术和管理措施阻断放射性物质进入人体的各种途径。基本防护措施主要有。

（1）包容和隔离

就是将放射性物质限制一定范围之内，不让其进入工作场所或环境，即从源头上控制放射性物质进入现场，如：生产各种物料管道、设备；物料容器、料桶、芯块柜；隔离房间、隔离小室等用于将放射性物质限制在一定范围之内的。

（2）空气净化

通过空气过滤、除尘等方法，尽量降低空气中放射性粉尘或放射性气溶胶的浓度。

（3）稀释

稀释是不断地排出被污染的空气并换以清洁空气，换气次数视空气被污染的水平确定。为防止环境的放射性污染，污染空气一般应该经过滤器过滤后才排入大气。

（4）个人防护措施

就是污染场所佩戴口罩、工作服等；应急时佩戴空气呼吸器；污染区禁止吸烟、进食、饮水等；个人皮肤有伤口，未采取防止措施，不能进入已污染的工作场所。

压水堆核燃料元件制造中的核物料为低浓缩铀（铀-235≤5%），存在弱放射性，衰变射线主要是α粒子，同时伴随有β和弱γ射线。可见核燃料元件制造生产线辐射防护重点为内照射防护。

8. 辐射防护原则

放射性活动遵循以下三个基本原则。

辐射实践的正当性原则，即对实践必须进行正当性判断，产生的利益应大于可能引起的伤害。

辐射防护最优化原则，即对任何照射，其剂量、受照人数均应保持在可合理达到的尽量低的水平。

遵守个人剂量限值，即对个人剂量进行限制，使其低于个人剂量限值。

二、防护衣具的佩戴和使用方法

1. 定义

防护衣具是指能够保护个人防止损伤、限制事故后果的衣物或设备。

在对设备、环境条件等采取安全措施后，个人保护成为防范措施的最后一步，防护衣具是保证个人安全的最后手段。

2. 类型

各类防护用品,具有不同的功能,常见的保护用具有眼睛保护、听力保护、呼吸保护、皮肤防护以及防护服、安全带、保险带等。

(1) 听力保护

听力保护的器具主要有两大类:一类是置放于耳道内的耳塞,用于阻止声能进入;另一类是置于外耳外的耳罩,限制声能通过外耳进入耳鼓及中耳和内耳。需要注意的是,这两种保护器具均不能阻止相当一部分的声能通过头部传导到听觉器官。

1) 耳塞:可以置放在耳道内,是用树脂泡沫材料或者橡胶等制成,用完就可丢弃。也有一些种类的耳塞是可以重复使用的,但是必须注意工业卫生方面的问题。为此,在使用后要特别注意耳塞的清洁问题。另外,也要注意耳塞和使用者的耳道是否匹配。

2) 耳罩:由可以盖住耳朵的套子和放在人脑上来定位的带子组成。套子通常装有树脂泡沫材料,达到把耳朵密封起来的效果。套子里充填了吸声材料。耳罩的密封性取决于耳罩的设计、密封的方法及佩戴的松紧程度。

(2) 呼吸保护装置

一般分为两大类:一类是过滤呼吸保护器,通过将空气吸入过滤装置,去除污染而使空气净化;另一类是供气式呼吸保护器,它是从一个未经过污染的外部气源,向佩戴者提供洁净空气的。绝大多数设备尚不能提供完全的保护,总有少量的污染物仍会不可避免地进入到呼吸区。

1) 过滤式呼吸保护器

过滤式呼吸保护器有 5 类:

① 口罩:可以盖住鼻子和嘴,由可以去除污染的过滤材料制成;

② 半面罩呼吸保护器:覆盖鼻子和嘴部的面罩,用橡皮或塑料制成,带有一个或更多的可拆卸的过滤盒;

③ 全面罩呼吸保护器:覆盖眼、鼻子及嘴部,有可拆卸的过滤罐;

④ 动力空气净化呼吸保护器:用泵将空气送进过滤器,在呼吸保护器内形成微正压,防止了污染物从缝隙中进入呼吸保护器;

⑤ 动力头盔呼吸保护器:包括了过滤器及装在头盔上的风扇。净化的空气吹进头盔之内供呼吸使用。

过滤式呼吸保护器在缺氧空气中提供不了任何保护作用。

2) 供气式呼吸保护器

供气式呼吸器主要有 3 种。

① 长管洁净空气呼吸器:它从未污染的气流提供洁净的空气。

② 压缩空气呼吸器:从压缩气流用柔性长管向佩戴者提供空气。在气管上要有过滤装置以除去空气中的氮氧化物及油污。要有面罩或头盔,空气的压力由阀门来减压。

③ 自备气源呼吸器:空气从钢瓶中通过特殊的面罩提供给佩戴者。全套装置均佩戴在操作者身上。

(3) 眼睛保护

在选择保护用品时,为了使其有效,首先要对眼睛可能造成的危害及其风险的程度进行评估。眼睛保护用品一般可以分为3类。

1）安全眼镜：用于预防低能量的飞溅物，如金属碎渣等。但不能抵御尘埃，也不能抵御高能量的冲击。

2）安全护目镜：用于预防高能量的飞溅物和灰尘，在经过进一步处理后，也能抵御化学品及金属液滴。其缺点是内侧容易起雾，镜片易损，戴后视野受局限，不能保护整个面部，价格也较贵。在抵抗非离子辐射时，要另外加上过滤片。

3）面罩：提供对整个面部的高能量飞溅的保护，同时加上各种过滤片后，可以处理各种类型的辐射。视野可能会受到限制。虽然有一些头盔的风挡可以容易地置换，而且也不贵，但总价格还是不低。另外，相对眼镜来讲，面罩可能会重了一些，但内侧不容易雾化。

（4）个体防护服

为了保护人体的健康，当人体暴露在一些有危害的环境内，如热、冷、辐射、冲击、摩擦、湿、化学品及车辆冲击等环境，则应提供身体的防护。

1）头部防护：头部防护普遍采用安全头盔和头部保护器（即所谓“安全帽”），其通常没有帽檐。它们的功能是提供对阳光及雨水和头部冲击的防护。头部保护器对冲撞的防护能力是相当局限的，它主要是在有限的空间中提供对撞击的保护，因此，它也代替了不安全头盔。安全头盔的使用寿命在3年左右，当过长地暴露在紫外线或者受到反复地冲击时，其寿命还会缩短。

2）身体防护服：诸如全身套服或者大衣，有些是一次性使用的，如纸衣。要小心地对工作服的类型及制造进行选择，同时还要教会使用者正确地使用。

3）手套：主要用于手部的防护，要根据使用条件、环境的不同选择不同的专用手套，如在操作酸碱等化学试剂时应选用防酸碱手套，在外照射较高的环境下还要选用具有屏蔽作用的铅手套。选择的过程除考虑到舒适、灵活的要求及可能用其抓起的物件的条件的需要等，还要考虑使用者可能遇到的危害因素。

4）鞋类：各种防护鞋设计是有其特殊保护功能的，普通的防砸鞋就是防止当材料下落时对脚的砸伤，特别是对脚趾的保护。同时，有的鞋用来防止脚底下的锐利物品穿透鞋底而护脚掌的。绝缘鞋是防止人员触电。根据不同的工作需要选择合适的防护鞋。

（5）安全带及安全钩

安全带及安全钩并不是要取代防止高处坠落的其他安全措施，只有当无法使用平台及防护网时，才能选择安全带及安全钩。安全带及安全钩的作用是限制下坠的高度，并且帮助开展救援工作。除了要求舒适及运动方便外，选择这种装置还必须考虑系带的人体一旦坠落时，其能够提供足够的防护来抵抗这种能量转换的需要。为此，有可能发生坠落的情况下，相比安全带而言，更应选择安全钩。

安全带及安全钩的一端，要固定在坚实的系留点之上，它必须能够承受坠落时的张力。一个基本原则就是，把系留端固定在工作场所尽可能高的地方，从而限制下落的距离。所有设备，在使用前要根据制造商的说明，进行检验。

三、放射性工作场所区域管理办法

为了便于辐射防护管理和职业照射管理，将工作场所划分为监督区和控制区，监督区（白区）通常不需要专门的防护或安全措施，控制区划分为绿区、橙区、红区三个子区，并配置相应的防护用品。监督区和控制区的范围见表 2-11,控制标准见表 2-12。

表 2-11 放射性工作场所分区范围

分区		所属区域名称
监督区	白区(W)	总卫生出入口、中央控制室、剂量防护中心主控室、监控室、家庭服更换间、淋浴间、参观通道等
控制区	绿区(G)	操作间、值班室、测量间、控制间、工作服更换间、走道等
	橙区(A)	检修间、安装大厅、排风廊、过滤室等
	红区(R)	设备室、热室

表 2-12 辐射分区控制标准

分区		特征	人流控制	剂量率/(μSv/h)
监督区	白区	在放射性子项内不接触放射性工作的区域	不要求更换放射性工作服	≤2.5
控制区	绿区	人员全班时间停留在本区也是安全的,事故时可能出现污染和照射,但能及时发现和排除	弱放射性子项经简易卫生出入口出入本区,其他子项必须经卫生入口才能进出本区	≤5
	橙区	人员不能长期停留的区域,检修人员需经辐射防护人员的允许,才能进入从事检修工作	高、中放子项必须经卫生闸门才能进出本区	≤25
	红区	直接存放放射性物质的区域,外照射很强或污染很严重	不允许人员进入,特殊情况下只有经过全面去污,并制定辐射防护方案,采取有效防护措施后在辐射防护人员严密监护下,方能进入本区	

四、放射性厂房工具管理办法

1)放射性厂房工具的使用根据工作场所分区的不同分为不同区域使用工具。不同区域的工具不得跨区使用,以防止工具在不同区域的交叉污染。

2)放射性厂房内设有绿区、橙区工具存放间,在不同区域的工作使用相应区域的工具。

3)工具使用完毕后,必须经过剂量防护人员对工具进行监测,如工具超过区域限值控制标准,使用人员必须对工具进行清洗去污直至监测合格后方可归还。

4)工具存放间设有管理人员,负责工具的借出、归还、维护、补充等工作。

5)工具实行定置管理,管理人员需组织定期对工具进行表面剂量监测,防止有工具污染。

五、核临界安全概念

1. 定义

1)核临界安全:预防临界事故和减轻临界事故后果的措施,其中最基本的是防止意外发生中子链式反应的措施。

2)临界事故:意外发生的自持或发散的中子链式反应所造成的能量释放事件。

3）受控参数：要求其数值保持在规定范围之内的参数。

4）次临界限值：给受控参数规定的能使系统在规定条件下肯定处于次临界状态的限制性数值；确定此种限值时应给导出它时所用的计算和实验数据的不确定度；留有适当的裕量。但不考虑意外事件。

5）双偶然事件原则：工艺设计应含有足够大的安全系数，使得在有关的各工艺条件中至少必须同时或相继发生两起不太可能发生且独立的变化，才有可能酿成临界事故。

2. 核临界安全控制方法

（1）几何控制

利用设备本身几何条件让中子充分泄漏，使设备在所有可能情况下都不达到临界状态的控制方式。这种控制方式依赖设备的尺寸和形状，而较少依赖行政管理来保证核临界安全，从而减少因人员失误造成临界事故的可能性。一般来说，溶液体系较适宜于用几何控制，金属体系通常不用几何控制；就操作量来说，几何控制适用于操作量大于临界质量许多倍的操作。采用几何控制时，应保证几何安全设备中的物料安全地向非几何安全设备的转移。

（2）体积控制

利用易裂变物质的体积限制到一定值后就不可能维持自持链式反应的特性来控制临界。这是几何控制的一种特殊形式。

（3）浓度控制

采用使裂变材料浓度低于最小临界值的办法控制临界。也就是用浓度来控制临界。

（4）质量控制

采取使操作的裂变材料量低于最小临界质量的办法来确保临界安全。

（5）毒物控制

用较大热中子吸收截面的核素（Cd、B）作为中子毒物来吸收热中子。

（6）慢化剂控制

可以通过控制慢化剂的位置、数量、材料来确保核临界安全，这就是慢化剂控制方法。

（7）联合控制（中子相互作用）

控制多体阵列中中子的相互作用也是一种控制临界的方法。常用设备间距或隔离材料让中子充分泄露，使设备在可预见的最坏情况下不可能达到临界。

（8）富集度控制

^{235}U 富集度低于一定值时，可使铀溶液达不到临界。

3. 临界事故

（1）临界事故特点

反应堆外临界事故大部分都发生在溶液系统中，这种事故多半为瞬发超临界事故，其特点是先出现一个称为裂变峰的脉冲（对于溶液系统，裂变次数约为 10^{16}～10^{18}）。然后，也许在一定水平上振荡，或出现几个裂变峰或脉冲（随实际情况而定）。这种特点的成因是事故释出的能量开始时按指数迅速上升，由于反应使水辐解，产生气泡使溶液成为次临界，释放的能量迅速下降。这样在短时间内释放大量能量就形成了裂变峰。

如果无终止机制，这种释放能量的过程还会继续而使溶液温度上升、沸腾，直到不再产生气泡为止,但这种过程一直在比较低的水平上重复。这就出现释放的能量在一定水平上振荡。最后,物料发生蒸发或喷溅使物料损失或再分布而使反应终止。当然,由于物料损失或再分布,也可能在第一个裂变峰后就使反应终止。

(2) 临界事故的事后处理

临界事故发生后必须作好事后处理工作,事后处理包括下述几项内容。

1) 个人剂量测量:应快速鉴别受照射人员和测出个人剂量数据,因此事先必须准备好设备及测量方法。

2) 环境监测:应确定临界事故对环境造成的危害,因此事先必须准备好一定的仪器装置和编制监测规程。

3) 去污:应配备去污设施并制定去污程序。

4) 事故判断:应确定事故的原因、性质、范围、程度以及总的影响,因此应准备适当的方法来完成这项工作。

5) 医疗措施:必须事先配备抢救、护理、治疗受照射和受伤人员的器材、药物,并事先制定有关方案,必须考虑到工作人员受放射性物质污染的可能性。

第三章　安全文明生产与环境保护知识

学习目标：通过本部分的学习，使学员掌握现场文明生产要求、安全生产与劳动保护知识、环境保护知识及消防安全知识等，理解和掌握乏燃料后处理萃取操作工作中对于安全文明生产与环境保护方面的原则和要求。

第一节　现场文明操作要求

一、工作现场安全生产基本常识

1）工作现场严禁穿拖鞋、高跟鞋、赤脚和易滑、带钉的鞋和赤膊操作。

2）工作时，要注意周围的工作环境及设备状况，如发现隐患要及时整改，对于没有条件整改时，必须及时报告安全主管部门予以协调解决。

3）未经许可，工作现场不得存放易燃易爆物品。

4）在检修作业现场，工具与物品应堆放整齐，在不锈钢地面上进行检修时，应覆以橡胶垫。

5）地面湿滑时，要做好防滑措施。

6）对工作现场周围的坑、洞、井等，应设置围栏或其他防护措施。

7）如工作可能影响周围环境、交通等，应设置防护装置及警告标志。

8）要了解现场各种安全标志的含义，如辐射防护、消防、紧急撤离等标志。未经原设置部门的同意，任何人员不得擅自移动、摘除其标志。在没有防护设施的 2 m 高处，悬崖和陡坡处作业时必须系好安全带。

9）高空作业时，不准往下或向上抛材料和工具等物件。

10）工具用完后要装入工具袋内。

11）危险区域要有明显标志，要采取防护措施，夜间要设红灯示警。

12）在操作中，应坚守工作岗位，严禁酒后操作。

13）身体有不适时，严禁登高作业。

14）特殊工种（电工、焊工、起重工、各种机动车辆司机等）必须经过有关部门专业培训考试合格发给操作证，方准独立操作。

15）任何人不准向下、向上乱丢材料、物、垃圾、工具等。不准随意开动一切机械设备、器材。操作中思想要集中，不准开玩笑，嬉戏打闹，干私活。

16）不准在工作现场睡觉。

17）手推车装运物料，应注意平稳，掌握重心，不得猛跑或撒把溜放。

18）单梯上部要扎实，下部要有防滑措施。

19）人字梯中间要有限位绳，下部要有防滑措施，不准人坐在上面，骑马式移动。

20）工作现场严禁吸烟。

21）行灯电压不得超过 36 V，在潮湿场地或金属容器内工作时，行灯电压不得超过 12 V。

22）受压容器应有安全阀、压力表；并避免暴晒、碰撞，氧气瓶严防沾燃油脂；乙炔发生器、液化石油气，必须有防止回火的安全装置。

23）从事高空作业要定期体检，经医生诊断、凡患高血压、心脏病、贫血病、癫痫病以及其他不适于高空作业的，不得从事高空作业。

24）高空作业衣着灵便，禁止穿硬底和带钉易滑的鞋。

二、劳动保护要求

1）正确使用个人防护用品和安全防护措施，进入工作现场，必须戴好安全帽，禁止穿拖鞋或光脚，在没有防护设施的情况下高空、悬崖和陡坡工作，必须系好安全带，上下交叉作业有危险的出入口要有防护棚或其他隔离设施，距地面 2 m 以上作业时要有防护栏杆、挡板、安全网。安全帽、安全带、安全网要定期检查，不符合要求的，禁止使用。

2）进入工作现场必须戴安全帽，系好帽带。

3）工作人员进入工作现场工作时必须穿工作服。

4）进行机械检修的人员必须穿防砸鞋。

5）从事电气作业的人员必须穿绝缘鞋，使用电钻等移动式电器工具必须戴绝缘手套。

6）进行焊接作业时，必须穿焊工服，戴焊工手套和焊工帽。

7）进行切割、研磨作业时必须佩戴防护眼镜。

8）在转动设备附件工作时，衣装不能肥大，衣服和袖口必须扣好，禁止戴围巾、领带、手套等。女同志要将辫子藏在工作帽中。

9）接触腐蚀性物质的作业人员，应穿防护服，戴防酸碱手套。

10）在可能发生淹溺的地点作业时，要穿救生衣或系安全带。

三、工器具、设备基本要求

1）使用合适的工具，并注意工具的大小、尺寸及相应的型号。

2）电气工具应定期检验。不合格的电气工具应及时检修或报废，不得继续使用。

3）机械和动力机械的机座必须稳固，转动的危险部位要安设防护装置。

4）施工机械和电器设备不得带病运行和超负荷作业，发现不正常情况应停机检查，不得在运转中检修。

5）在机器完全停止以前，不准进行修理工作。对修理中的机器应做好防止转动的安全措施，如切断电源等。

6）禁止在机器运行时清扫、擦拭和润滑机器的旋转和移动部分，以及把手伸入防护罩、栅栏等。

7）使用工具袋或手传递工具，不得抛掷，以免工具摔落伤人。

8）梯子应放在一个坚固的基准面上，并靠在稳定的物体上。

9）上下梯子时必须两手同时抓牢，不准只用一只手上下梯阶。

第二节 防火、防电、防爆知识及消防器材的操作使用知识

一、火灾的分类

通过对可燃易燃物质的着火与灭火的研究，在标准(GB/T 4968—2008)《火灾分类》中，根据可燃物的类型和燃烧特性将火灾分成如下六类。

A类火灾：指固体物质火灾，这种物质往往具有有机物性质，一般在燃烧时能产生灼热的余烬。如木料、棉、毛、麻、纸张等火灾。

B类火灾：指液体火灾和可熔化的固体物质火灾。如汽油、煤油、原油、甲醇、乙醇、磷酸三丁酯、沥青、石蜡等火灾。

C类火灾：指气体火灾。如煤气、天然气、甲烷、乙烷、氢气等火灾。

D类火灾：指金属火灾。如钾、钠、镁、钛、铝镁合金、金属车屑等火灾。

E类火灾：带电火灾。物体带电燃烧的火灾。

F类火灾：烹饪器具内的烹饪物(如动植物油脂)火灾。

火灾的分类不尽相同，如日本学者北川则将火灾分为六类，即气体火灾、油品火灾、可燃物火灾、电气火灾、金属火灾和过剩氧火灾。过剩氧火灾则是考虑到助燃物之多少而列为一类。众所周知，通常大面积火灾多发生在空气中，空气中的助燃物(氧化剂)氧气的体积分数$\varphi(O_2)$可以认为是恒定的21%，而当空气中$\varphi(O_2)$超过正常数值时，会急剧增加可燃物的燃烧速度，增大了单位时间内所生产的热量，甚至导致在空气中燃烧物质的燃烧，这是不容忽视的一种类型。如棉布在水平方向燃烧时，当空气中$\varphi(O_2)$为30%时，其燃烧速度比在正常空气中含氧21%时约快2倍。

二、灭火的基本方法

燃烧必须具备三个要素：着火源、可燃物、助燃剂(如氧气)。灭火就是要破坏已经形成的燃烧条件，使其不致着火燃烧。根据燃烧的三个条件，可以采取除去可燃物，隔绝助燃物(氧气)，将可燃物冷却到燃点以下温度等灭火措施。

(1) 冷却灭火法

将灭火剂直接喷射到燃烧的物体上，以降低燃烧物的温度于燃点之下，使燃烧停止；或者将灭火剂喷洒在货源附近的可燃物上，使其不因火焰热辐射作用而形成新的火点。冷却灭火法是灭火的一种主要方法，常用水作灭火剂，适用于一般木材、各种纤维及可溶(或半溶)于水的可燃液体着火，但带电火灾在未切断电源前不能用水扑救，否则容易发生触电事故。此外还有用液态卤代烷等做灭火剂。

采用水灭火时，应注意与火源保持一定距离，防止烧伤。特别注意以下几种情况的火灾不能用水灭：

1) 遇水燃烧物，如金属钾、钠、钙等；

2) 比水轻(密度低于水)，且不溶于水的易燃液体，如醇类、酮类、脂类、油品等；

3) 与水反应生成有毒或腐蚀性气体的物品，如磷化铝、磷化锌等；

4) 未切断电源的电气,高温设备;

5) 对储存硫酸、硝酸等场所,如遇加压水流会沸腾飞溅;

6) 还在燃烧的金属铀屑也不能用水灭火,因在高温下,金属铀屑会与水发生反应生成氢气,会产生爆炸。

(2) 隔离灭火法

将火源与火源附近的可燃物隔开,中断可燃物的供给,控制火势蔓延。具体措施有:

1) 用妥善的方法迅速移去火源附近的可燃易燃、易爆和助燃物品;

2) 关闭可燃气体、液体管道的阀门,切断或减少可燃物进入燃烧区域;

3) 阻堵着火液体流淌;

4) 火势严重时,及时拆除与火源毗邻的易燃建筑物,建立隔离带;

5) 封闭着火建筑物的空洞,堵塞或改变火势蔓延途径。

(3) 窒息灭火法

用不燃物或难燃物覆盖、包围燃烧物,阻止空气或其他助燃物与燃烧物接触,抑制燃烧。采用窒息灭火法的具体措施有:

1) 用不燃物或难燃物,如沙土、石粉、石棉布、防火毯、湿麻袋、浸水布单(衣)等直接覆盖在燃烧物表面;

2) 将不燃气体灌入燃烧容器内,如氮气、水蒸气;

3) 封闭容器孔洞;

4) 使用各种灭火剂,如泡沫、干粉、二氧化碳、水蒸气等。

(4) 抑制灭火法

降低燃烧系统中可燃物或助燃物的浓度,可以很好地抑制燃烧。实际操作中最有效的办法是用对燃烧不活泼的气体充入燃烧系统中,以稀释可燃物和助燃物的浓度。如用压缩氮气、二氧化碳灭火。

不管是哪种灭活方法,首先要在保障自己的生命安全前提下迅速灭火。一旦发生火情,岗位人员应冷静沉着,及时采取灭火措施,防止火势的蔓延。应立即切断电源,关闭燃气阀门,移走可燃物,用湿布或石棉布覆盖火源灭火。或根据具体情况,选用适当的灭火器进行灭火,并立即与有关部门联系,请求救援。若衣服着火时,不可慌张乱跑,应立即用湿布或石棉布灭火;如果燃料面积较大,可躺在地上打滚。

三、灭火器的种类及使用方法

灭火器的种类很多,按其移动方式可分为:手提式和推车式;

按驱动灭火剂的动力来源可分为:储气瓶式、储压式、化学反应式;

按所充装的灭火剂则又可分为:泡沫、干粉、卤代烷、二氧化碳、酸碱、清水等。

(1) 手提式泡沫灭火器

1) 适用范围:适用于扑救一般B类火灾,如油制品、油脂等火灾,也可适用于A类火灾,但不能扑救B类火灾中的水溶性可燃、易燃液体的火灾,如醇、酯、醚、酮等物质火灾;也不能扑救带电设备及C类和D类火灾。

2) 使用方法:可手提筒体上部的提环,迅速奔赴火场。这时应注意不得使灭火器过分倾斜,更不可横拿或颠倒,以免两种药剂混合而提前喷出。当距离着火点10 m左右,即可将筒体颠倒过来，一只手紧握提环，另一只手扶住筒体的底圈，将射流对准燃烧物。在扑救可燃液体火灾时，如已呈流淌状燃烧，则将泡沫由远而近喷射，使泡沫完全覆盖在燃烧液面上；如在容器内燃烧，应将泡沫射向容器的内壁，使泡沫沿着内壁流淌，逐步覆盖着火液面。切忌直接对准液面喷射，以免由于射流的冲击，反而将燃烧的液体冲散或冲出容器，扩大燃烧范围。在扑救固体物质火灾时，应将射流对准燃烧最猛烈处。灭火时随着有效喷射距离的缩短，使用者应逐渐向燃烧区靠近，并始终将泡沫喷在燃烧物上，直到扑灭。使用时，灭火器应始终保持倒置状态，否则会中断喷射。

3）存放：泡沫灭火器存放应选择干燥、阴凉、通风并取用方便之处，不可靠近高温或可能受到曝晒的地方，以防止碳酸分解而失效；冬季要采取防冻措施，以防止冻结并应经常擦除灰尘、疏通喷嘴，使之保持通畅。

（2）推车式泡沫灭火器

1）适用范围：其适应火灾与手提式泡沫灭火器相同。

2）使用方法：使用时，一般由两人操作，先将灭火器迅速推拉到火场，在距离着火点10 m左右处停下，由一人施放喷射软管后，双手紧握喷枪并对准燃烧处；另一个则先逆时针方向转动手轮，将螺杆升到最高位置，使瓶盖开足，然后将筒体向后倾倒，使拉杆触地，并将阀门手柄旋转90度，即可喷射泡沫进行灭火。如阀门装在喷枪处，则由负责操作喷枪者打开阀门。

灭火方法及注意事项与手提式泡沫灭火器基本相同，可以参照。由于该种灭火器的喷射距离远，连续喷射时间长，因而可充分发挥其优势，用来扑救较大面积的储槽或油罐车等处的初起火灾。

（3）空气泡沫灭火器

1）适用范围：适用范围基本与化学泡沫灭火器相同。但抗溶泡沫灭火器还能扑救水溶性易燃、可燃液体的火灾，如醇、醚、酮等溶剂燃烧的初起火灾。

2）使用方法：使用时可手提或肩扛迅速奔到火场，在距燃烧物6 m左右，拔出保险销，一手握住开启压把，另一手紧握喷枪；用力捏紧开启压把，打开密封或刺穿储气瓶密封片，空气泡沫即可从喷枪口喷出。灭火方法与手提式化学泡沫灭火器相同。但空气泡沫灭火器使用时，应使灭火器始终保持直立状态、切勿颠倒或横卧使用，否则会中断喷射。同时应一直紧握开启压把，不能松手，否则也会中断喷射。

（4）酸碱灭火器

1）适应范围：适用于扑救A类物质燃烧的初起火灾，如木、织物、纸张等燃烧的火灾。它不能用于扑救B类物质燃烧的火灾，也不能用于扑救C类可燃性气体或D类轻金属火灾。同时也不能用于带电物体火灾的扑救。

2）使用方法：使用时应手提筒体上部提环，迅速奔到着火地点。决不能将灭火器扛在背上，也不能过分倾斜，以防两种药液混合而提前喷射。在距离燃烧物6 m左右，即可将灭火器颠倒过来，并摇晃几次，使两种药液加快混合；一只手握住提环，另一只手抓住筒体下的底圈将喷出的射流对准燃烧最猛烈处喷射。同时随着喷射距离的缩减，使用人应向燃烧处推近。

（5）二氧化碳灭火器

灭火时只要将灭火器提到或扛到火场，在距燃烧物5 m左右，放下灭火器拔出保险销，一手握住喇叭筒根部的手柄，另一只手紧握启闭阀的压把。对没有喷射软管的二氧化碳灭火器，应把喇叭筒往上板 70°～90°。使用时，不能直接用手抓住喇叭筒外壁或金属连线管，防止手被冻伤。灭火时，当可燃液体呈流淌状燃烧时，使用者将二氧化碳灭火剂的喷流由近而远向火焰喷射。如果可燃液体在容器内燃烧时，使用者应将喇叭筒提起。从容器的一侧上部向燃烧的容器中喷射。但不能将二氧化碳射流直接冲击可燃液面，以防止将可燃液体冲出容器而扩大火势，造成灭火困难。

推车式二氧化碳灭火器一般由两人操作，使用时两人一起将灭火器推或拉到燃烧处，在离燃烧物 10 m 左右停下，一人快速取下喇叭筒并展开喷射软管后，握住喇叭筒根部的手柄，另一人快速按逆时针方向旋动手轮，并开到最大位置。灭火方法与手提式的方法一样。

在室外使用二氧化碳灭火器时，应选择在上风方向喷射。在室内窄小空间使用时，灭火后操作者应迅速离开，以防窒息。

(6) 手提式 1211 灭火器

使用时，应将手提灭火器的提把或肩扛灭火器带到火场。在距燃烧处 5 m 左右，放下灭火器，先拔出保险销，一手握住开启把，另一手握在喷射软管前端的喷嘴处。如灭火器无喷射软管，可一手握住开启压把，另一手扶住灭火器底部的底圈部分。先将喷嘴对准燃烧处，用力握紧开启压把，使灭火器喷射。当被扑救可燃烧液体呈现流淌状燃烧时，使用者应对准火焰根部由近而远并左右扫射，向前快速推进，直至火焰全部扑灭。如果可燃液体在容器中燃烧，应对准火焰左右晃动扫射，当火焰被赶出容器时，喷射流跟着火焰扫射，直至把火焰全部扑灭。但应注意不能将喷流直接喷射在燃烧液面上，防止灭火剂的冲力将可燃液体冲出容器而扩大火势，造成灭火困难。如果扑救可燃性固体物质的初起火灾时，则将喷流对准燃烧最猛烈处喷射，当火焰被扑灭后，应及时采取措施，不让其复燃。1211 灭火器使用时不能颠倒，也不能横卧，否则灭火剂不会喷出。另外在室外使用时，应选择在上风方向喷射；因 1211 灭火剂也有一定的毒性，在窄小的室内灭火时，灭火后操作者应迅速撤离，以防对人体的伤害。

(7) 推车式 1211 灭火器

灭火时一般由二人操作，先将灭火器推或拉到火场，在距燃烧处 10 m 左右停下，一人快速放开喷射软管，紧握喷枪，对准燃烧处；另一人则快速打开灭火器阀门。灭火方法与手提式 1211 灭火器相同。

四、防爆常识

有的物资在某些化合物的作用下(如受热、受压、撞击等)，能发生剧烈化学反应，瞬时产生大量的气体和热量，使周围压力急骤上升，发生爆炸。爆炸往往会造成重大的危害，因此在使用易爆炸物品(如苦味酸等)时，要十分小心。有些药品单独存放或使用时，比较稳定，但若与其他药品混合时，就会变成易爆品，十分危险。表 3-1 列举了常见的易爆混合物。

乙醚、异丙醚、四氢呋喃及其他醚类吸收空气中氧形成不稳定的过氧化物，受热、震动或摩擦时会产生极猛烈的爆炸。

氨-银络合物长期静置或加热时产生氮化银，这种化合物即使在湿润状态也会产生爆炸。

有些气体本身易燃，属易燃品，若再与空气或氧气混合，遇明火就会爆炸，变得更加危险，存放与使用时要格外小心。加热含有高氯酸或高氯酸盐的溶液，防止蒸干和引进有机物，以免产生爆炸。

表 3-1 常见的易爆混合物

主要物质	互相作用的物质	产生结果	主要物质	互相作用的物质	产生结果
浓硝酸、硫酸	松节油、乙醇	燃烧	硝酸盐	酯类、乙酸钠、氯化亚锡	爆炸
过氧化氢	乙酸、甲醇、丙酮	燃烧	过氧化物	镁、锌、铝	爆炸
溴	磷、锌粉、镁粉	燃烧	钾、钠	水	燃料、爆炸
高氯酸钾	乙醇、有机物	爆炸	赤磷	氯酸盐、二氧化铅	爆炸
氯酸盐	硫、磷、铝、镁	爆炸	黄磷	空气、氧化剂、强酸	爆炸
高锰酸钾	硫磺、甘油、有机物	爆炸	乙炔	银、铜、汞(Ⅱ)化合物	爆炸
硝酸铵	锌粉和少量水	爆炸			

表 3-2 中列出了常见可燃气体、蒸汽在空气中的爆炸极限(可燃性极限)。爆炸极限是当可燃性气体、可燃液体的蒸汽与空气混合达到一定浓度时，遇到火源就会发生爆炸。遇到火源能够发生爆炸的浓度范围称爆炸极限，通常用可燃气体、蒸汽在空气中的体积百分比(%)来表示。可燃气体、蒸汽与空气的混合物并不是在任何混合比例下都有可能发生爆炸，而是在一定浓度范围内才有爆炸的危险。如果可燃气体、蒸汽在空气中的浓度低于爆炸下限，遇到明火既不会爆炸，也不会燃烧；高于爆炸上限，遇明火虽不会爆炸，但能燃烧。

表 3-2 可燃气体、蒸汽与空气混合时的爆炸极限(可燃性极限) 体积%

物质名称及分子式	爆炸下限	爆炸上限	物质名称及分子式	爆炸下限	爆炸上限	物质名称及分子式	爆炸下限	爆炸上限
氢 H_2	4.1	75	丁酮 C_6H_8O	1.8	9.5	糖醛 $C_5H_4O_2$	2.1	—
一氧化碳 CO	12.5	75	氯甲烷 H_3Cl	8.3	18.7	甲基乙基醚 C_3H_8O	2.0	10.0
硫化氢 H_2S	4.3	45.4	氯丁烷 C_4H_9Cl	1.9	10.1	二乙醚 $C_4H_{10}O$	1.9	36.5
甲烷 CH_4	5.0	15.0	乙酸 $C_2H_4O_2$	5.4	—	溴甲烷 CH_3Br	13.5	14.5
乙烷 C_2H_6	3.2	12.5	甲酸甲脂 $C_2H_4O_2$	5.1	22.7	溴乙烷 C_2H_5Br	6.8	11.3
庚烷 C_7H_{15}	1.1	6.7	乙酸乙脂 $C_2H_8O_2$	2.2	11.4	乙胺 C_2H_7N	3.6	13.2
乙烯 C_2H_4	2.8	28.6	乙酸丁脂 $C_6H_{12}O_2$	1.4	7.6	二甲胺 C_2H_7N	2.8	14.4
丙烯 C_3H_6	2.0	11.1	吡啶 C_5H_5N	1.8	12.4	水煤气	6.7	69.5
乙炔 C_2H_2	2.5	80.0	氨 NH_3	15.5	27.0	高炉煤气	40～50	60～70
苯 C_6H_6	1.4	7.6	松节油 $C_{10}H_{16}$	0.80	—	半水煤气	8.1	70.5
甲苯 C_7H_8	1.3	6.8	甲醇 CH_4O	6.7	36.5	焦炉煤气	6.0	30.0
环己烷 C_6H_{12}	1.3	7.8	乙醇 C_2H_6O	3.3	19.0	发生炉煤气	20.3	73.7
丙酮 C_3H_6O	2.6	12.8						

注：爆炸极限为可燃气体、蒸气在空气中的体积百分比。

第三节 压力容器安全知识

压力容器是指盛装气体或者液体,承载一定压力的密闭设备,其范围规定为最高工作压力大于或者等于 0.1 MPa(表压)的气体、液化气体和最高工作温度高于或者等于标准沸点的液体、容积大于或者等于 30 L 且内直径(非圆形截面指截面内边界最大几何尺寸)大于或者等于 150 mm 的固定式容器和移动式容器;盛装公称工作压力大于或者等于 0.2 MPa(表压),且压力与容积的乘积大于或者等于 1.0 MPa·L 的气体、液化气体和标准沸点等于或者低于 60 ℃液体的气瓶;氧舱。

一、压力容器的分类

根据不同的要求,压力容器可以有很多种分类方法。

1) 按材质分类:钢制压力容器、铝制焊接容器、钛制焊接容器和非金属容器等。

2) 按制造方法分类:板焊容器、锻焊容器、铸造容器、包扎式容器、绕带式容器等。

3) 按壳体承压方式分类:内压容器、外压容器。

4) 按壁厚分类:薄壁容器(容器外径与内径之比小于 1.2)和厚壁容器(外径与内径之比大于 1.2)。

5) 按压力容器的设计压力(p)分类:低压(代号 L)0.1 MPa$\leqslant p<$1.6 MPa,中压(代号 M)1.6 MPa$\leqslant p<$10 MPa,高压(代号 H)10 MPa$\leqslant p<$100 MPa,超高压(代号 U)$p\geqslant$100 MPa。

6) 按压力容器生产工艺过程中的作用原理分类:反应压力容器、换热压力容器、分离压力容器、储存压力容器。

二、压力容器主要参数

压力容器种类繁多,运行工况多样化和复杂化,压力容器参数也很多,几种主要参数是。

1) 设计压力:指压力容器顶部的最高压力,与相应的设计温度一起作为压力容器的设计载荷条件。

2) 工作压力:指压力容器正常工作情况下,容器顶部可能达到的最高压力,其值不得高于设计压力。

3) 计算压力:指在相应的设计温度下,用以确定受压元件厚度的压力,包括液柱静压力。

4) 设计温度:指压力容器在正常工作情况下,设定的元件的金属温度(沿金属截面的温度平均值)。标准 GB150 规定,压力容器铭牌上的设计温度应是壳体设计温度的最高值或最低值。

5) 计算厚度:指压力容器设计计算时,由公式计算所得到的厚度。

6) 设计厚度:指计算厚度与腐蚀裕量之和。

7) 名义厚度:指标注在图样上的厚度。

8) 材料:指压力容器所使用的材料。压力容器所有材料,一般均为专用材料,如压力容器专用钢材、气瓶专用钢材等。

压力容器的参数还有很多,如容积、焊接结构、载荷条件等。

三、压力容器基本结构

压力容器的主体结构比较简单，因为它的主要作用就是盛装有压力的气体或液化气体，或者是为这些介质的传热、传质或化学反应提供一个密闭的空间。其主要结构一般由筒体、封头、法兰、密封元件、开孔与接管、安全附件及支座等部分组成。如果是作为简单的贮运容器，其外壳即是容器，其他用途的容器一般都还要装设工艺过程所必需的内部构件才能构成完整的容器。

四、压力容器主要安全附件与装置

压力容器的主要安全附件与装置有：安全阀、爆破片、爆破帽、易熔塞、压力表、温度计、液位计、紧急切断装置和快开门式压力容器的安全连锁装置等。

1）安全阀：安全阀的主要作用是控制压力容器的工作压力，一旦压力超过规定的要求，安全阀要能自动开启，释放超过的压力，使压力容器回到正常的工作压力状态。工作压力正常后，安全阀自动关闭。

2）爆破片：爆破片的主要作用与安全阀一样。爆破片是压力容器上的最薄弱点，一旦压力容器超压，爆破片破裂，使压力下降。爆破片与安全阀不一样的是，它不可自动关闭，只能等压力或介质放完后重新更换。

3）爆破帽：爆破帽为一端封闭、中间有一薄弱层面的厚壁短管。爆破帽的爆破压力误差较小，泄放面积较小，多用于超高压容器。

4）易熔塞：易熔塞属于"熔化型"（或"温度型"）安全泄放装置，它的动作取决于容器壁的温度，主要用于中、低压的小型压力容器，在盛装液化气体的钢瓶中应用较多。

5）压力表：压力表的主要作用是监测压力容器的工作压力，一旦超压便提示操作者采取相应措施。压力表还可以记录压力容器的中间工况状态，也可在一定程度上反映介质储存量。

6）温度计：压力容器的工作压力和工作温度有一定相互关联，温度超温也会引起超压，过高的温度还会使压力容器的材料强度下降，同样会影响压力容器的安全运行。温度计的主要作用是监测压力容器的工作温度，一旦超温便提示操作者采取相应措施，它也可以记录压力容器的中间工况状态。

7）液位计：液位计的主要作用是监测盛装液态介质压力容器内介质的液位高低，也即介质的存量多少。为保证压力容器的安全运行，其中介质不能装得太多，更不能装满，必须留出一定的气空间，以容纳介质的饱和蒸汽。

8）紧急切断装置：紧急切断装置通常装设在液化气体汽车罐车、铁路罐车的气、液相出口管道上。其主要作用是当管道及其附件发生破裂及误操作或罐车附近发生火灾事故时，可紧急关闭阀门迅速切断气源，防止事故蔓延扩大。

9）快开门式压力容器的安全连锁装置：快开门式压力容器的安全连锁装置是防止快开门式压力容器发生爆炸事故的有效措施。这种安全连锁装置在任何情况下，快开门未关到位，蒸汽不能进入该压力容器以及压力容器内有压力时，快开门打不开。

第四节　化学烧伤的急救处理知识

一、化学烧伤的种类和性状

化学烧伤的伤因可分两大类：一为强碱烧伤，如石灰、苛性钠、苛性钾等；二为强酸烧伤，如王水、盐酸、硫酸、硝酸、磷酸等。

1）碱性烧伤，其渗透性强，深入皮下后使细胞脱水、溶解组织蛋白，形成强碱蛋白化合物，致使创面加深，造成更严重的深层组织破坏；

2）强酸烧伤，可立即引起组织蛋白的凝固，使组织脱水形成厚痂，其厚痂有利于阻止酸液继续向深层组织内渗透，可减少组织损伤；磷酸烧伤，在战时或工农业生产中常有发生。由于磷化合物遇空气极易燃烧，氧化后变成五氧化二磷，成为一种毒性很强的物质。磷烧伤后，如果没有彻底清除皮肤上残留的磷质，磷可在皮肤上或伤口内继续燃烧，造成继发的更深与重大面积的烧伤。皮肤上或伤口内的残留磷一旦被体内吸收，又可引起全身磷中毒。

二、化学烧伤的急救处理

一般处理原则立即解脱被化学物质浸渍的衣物，连续大量清水冲洗，时间应较长。特应注意眼部与五官的冲洗，因损伤后可因而致盲或其他后果。急救时使用中和剂等并非上策，除耽误时间外，还可因匆忙中选择不当或中和反应中产热而加重损害。早期输液量可稍多，加用利尿剂以排出毒性物质。深度烧伤应尽早切除坏死组织并植皮。已明确为化学毒物致伤者，应选用相应的解毒剂或对抗剂。

1. 磷烧伤

可先用清水冲洗几遍，然后用1%～5%硫酸铜溶液浸湿纱布敷在伤处，使残留的磷生成二磷化二铜(不再燃烧)，最后再用3%双氧水或5%小苏打水冲洗，使磷渣再氧化成磷酐(无毒)。在磷烧伤处理时禁用油或凡士林纱布包扎，因磷易溶于油脂，会促使人体中毒，故在终末包扎时，在用5%小苏打水冲洗后，用纱布包扎最好。

磷烧伤急救时应将伤处浸入水中，以隔绝氧气，切忌暴露于空气中，以免继续燃烧。应在水下移除磷粒，用1%硫酸铜涂布，可形成无毒性的磷化铜，便于识别和移除。但必须控制硫酸铜的浓度不超过1%，如浓度过高，反可招致铜中毒。忌用油质敷料，因磷易溶于油脂，而更易吸收；适用3%～5%碳酸氢钠湿敷包扎。深度创面尽早切除与植皮。磷烧伤应特别注意全身中毒问题。

2. 酸烧伤

常见的为硫酸、盐酸、硝酸烧伤。此外尚有氢氟酸、石炭酸、草酸等。它们的特点是使组织脱水，蛋白沉淀、凝固，故烧伤后创面迅速成痂、界限清楚，因此限制了继续向深部侵蚀。

1）硫酸、盐酸、硝酸烧伤：硫酸、盐酸、硝酸烧伤发生率较高，占酸烧伤的80.6%。硫酸烧伤创面呈黑色或棕黑色；盐酸者为黄色；硝酸者为黄棕色。此外，颜色改变与创面深浅也有关系，潮红色最浅，灰色、棕黄色或黑色较深。

硫酸、盐酸、硝酸在液态时可引起皮肤烧伤，气态时吸入可致吸入性损伤。三种酸比较，在同样浓度下,液态时硫酸作用最强,气态时硝酸作用最强。气态硝酸吸入后,数小时即可出现肺水肿。它们口服后均可造成上消化道烧伤、喉水肿及呼吸困难,甚至溃疡穿孔。

其处理同化学烧伤的急救处理原则。冲洗后,可用5%碳酸氢钠溶液或氧化镁、肥皂水等中和留在皮肤上的氢离子,中和后,仍继续冲洗。创面采用暴露疗法。吸入性损伤按其常规处理。

2) 氢氟酸烧伤:氢氟酸是氟化氢的水溶液,无色透明,具有强烈腐蚀性,并具有溶解脂肪和脱钙的作用。氢氟酸烧伤后,创面起初可能只有红斑或皮革样焦痂,随后即发生坏死,向四周及深部组织侵蚀,可伤及骨骼使之坏死,形成难以愈合的溃疡,伤员疼痛较重。10%氢氟酸有较大的致伤作用,而40%则对皮肤浸润较慢。

氢氟酸烧伤后,关键在于早期处理。应立即用大量流动水冲洗,至少半小时,也有主张冲洗1~3 h。冲洗后,创面可涂氧化镁甘油(1∶2)软膏,或用饱和氯化钙或25%硫酸镁溶液浸泡,使表面残余的氢氟酸沉淀为氟化钙或氟化镁。忌用氨水,以免形成有腐蚀性的二氟化铵(氟化氢铵)。如疼痛较剧,可用5%~10%葡萄糖酸钙(0.5 mL/cm^2)加入1%普鲁卡因行皮下及创周浸润,以减轻进行性损害。

3) 石炭酸烧伤:石炭酸吸收后主要对肾脏产生损害。其腐蚀、穿透性均较强,对组织有进行性浸润损害,故急救时首先用大量流动冷水冲洗,然后再用70%酒精冲洗或包扎。

4) 草酸烧伤:皮肤、黏膜接触草酸后易形成粉白色顽固性溃烂,且草酸与钙结合使血钙降低,故处理时在用大量冷水冲洗的同时,局部及全身应及时应用钙剂。

3. 碱烧伤

临床上常见的碱烧伤有苛性碱、石灰及氨水等,其发生率较酸烧伤为高。碱烧伤的特点是与组织蛋白结合,形成碱性蛋白化合物,易于溶解,进一步使创面加深;皂化脂肪组织;使细胞脱水而致死,并产热加重损伤。因此它造成损伤比酸烧伤严重。

(1) 苛性碱烧伤:苛性碱是指氢氧化钠与氢氧化钾,具有强烈的腐蚀性和刺激性。其烧伤后创面呈黏骨或皂状焦痂,色潮红,一般均较深,通常在深Ⅱ度以上,疼痛剧烈,创面组织脱落后,创面凹陷,边缘潜行,往往经久不愈。

其处理关键在于早期及时流动冷水冲洗,冲洗时间要长,有人主张冲洗24 h,不主张用中和剂。深度创面亦应早期切痂。误服苛性碱后禁忌洗胃、催吐,以防胃与食道穿孔,可用小剂量橄榄油、5%醋酸或食用醋、柠檬汁口服。

(2) 石灰烧伤:生石灰(氧化钙)与水生成氢氧化钙(熟石灰),并放出大量的热。石灰烧伤时创面较干燥呈褐色,较深。注意用水冲洗前,应将石灰粉末擦拭干净,以免产热加重创面。

(3) 氨水烧伤:氨水极易挥发释放氨,具有刺激性,吸入后可发生喉痉挛、喉头水肿、肺水肿等吸入性损伤。氨水接触之创面浅度者有水泡,深度者干燥呈黑色皮革样焦痂。

如误服强碱、强酸类腐蚀剂,不论服量多少,均可烧坏口腔、咽喉、食管与胃的黏膜,严重者可烧坏肌层直至穿孔。因此,解救时不可立即催吐或洗胃,以免食道与胃破裂或穿孔;可针对服用的强碱或强酸种类,将相应的中和溶液灌入,同时灌入牛奶、鸡蛋清、植物油或面糊等流体,以求保护好食管与胃黏膜,赢得抢救时间。

无论何种化学烧伤,也无论是外烧伤或内烧伤,均应迅速、安全地送医院救治,万不可留在家庭自行处理。

常见化学烧伤的急救处理方法如表3-3所示。

表3-3 常见化学烧伤的急救处理方法

化学试剂种类	急救处理方法
碱类:氢氧化钠(钾)、氨、氧化钙、碳酸钾	立即用大量水冲洗,然后用2%乙酸溶液冲洗,或撒敷硼酸粉,或用2%硼酸水溶液洗。如为氧化钙灼伤,可用植物油涂敷伤处
碱金属氰化物、氢氰酸	先用高锰酸钾溶液冲洗,再用硫化铵溶液冲洗
氢氟酸	先用大量冷水冲洗直至伤口表面发红,然后用5%碳酸氢钠溶液洗,再以甘油与氧化镁(2∶1)悬浮液涂抹,再用消毒纱布包扎;或用0.1%氯化苄烷铵水或冰镇乙醇溶液浸泡
苯酚	先用大量水冲洗,然后用(4+1)70%乙醇-氯化铁(1 mol/L)混合溶液洗
硝酸银	先用水冲洗,再用5%碳酸氢钠溶液漂洗,涂油膏及磺胺粉
酸类:硫酸、盐酸、硝酸、乙酸、甲酸、草酸、苦味酸	先用大量水冲洗,然后用5%碳酸钠溶液冲洗

第五节 劳动保护的知识

一、精神状态对安全的影响

1. 工作时要保持良好的精神状态

在人们正常工作时,大脑意识水平经常处在能动和被动两种状态下。处在能动状态,信息处理能力高,失误少。但当大脑意识水平处于迟钝状态,或恐慌状态时,信息处理能力低,失误多。

2. 人的大脑意识水平(精神状态)

人的意识水平可划分为无意识、迟钝、恐慌、被动、能动5个等级。

无意识:在熟睡或癫痫情况下,大脑完全停止工作,不能进行信息处理。

迟钝:过度疲劳、作业单调、困倦、醉酒等。

恐慌:任务过重、精神紧张等。

被动:从事熟悉、重复的工作,大脑不必主动思考,而是习惯性被动工作。

能动:从事复杂、不熟悉、分析性工作,大脑积极思考、清晰有效、主动处理信息、能动性工作。但持续时间不会太长。

应使工作人员大脑处于被动和能动两种状态下工作。而避免在迟钝、恐慌精神状态下工作。

3. 疲劳是迟钝的常见原因

工作人员应避免在迟钝的意识水平下工作,疲劳是造成迟钝的原因,在精神疲劳时,大脑处理信息的能力极低,易出事故。

疲劳的表现为:无力感;注意力失调;感觉能力失调;动觉能力紊乱(动作走形);记忆和思维故障;意志衰退;产生睡意。

造成精神疲劳的原因有:工作单调;脑力和体力劳动的时间过长;环境条件不适合生理

和心理需要，如噪声、通风不好等；精神因素，如烦恼，工作或生活压力，人际关系不好等。

疲劳程度与劳动效率成反比，与事故率成正比。因此，当员工感到疲劳，感到或被发觉身心不适于某项工作时，必须停止工作。

4. 极度紧张是恐慌的原因

工作人员应避免在恐慌的精神状态下工作，恐慌时大脑对所从事的工作注意力差，处理信息的能力差，易出事故。恐慌往往是精神紧张造成的。

人们在恐慌状态下，就会行动不具体，不协调，动作生硬，用力过猛，手脚不相遂，弄错操作对象或方向，忘记或弄错操作规程，极易出事故。因此，当员工感到恐慌或被发觉有恐慌表现时，应立即停止工作。

5. 保持良好精神状态的措施

1）改善劳动条件和环境。

2）调整劳动负荷量，达到适宜程度。

3）杜绝对身心有害的习惯，如酗酒、赌博等。

4）各级领导对员工要任务明确，分工合理，报酬公平，消除员工心理压力及不满情绪，化解各种矛盾。

5）调整家庭、社会、人际关系。

二、必须严格遵守安全规章制度

安全规章制度来源于前人的经验总结，违章犯纪就是走发生事故的危险道路。事故不仅造成自身损失，而且还会影响他人、企业和社会的利益。因此，遵守安全规章制度不能由个人的好恶而取舍，而必须人人遵守，强制执行。

另外，还需明确，虽然规章制度的执行是相对稳定的，但在企业的生产发展过程中，规章制度需要不断补充和完善。例如，生产机具的不断改变；生产任务的调整等，都可能对安全规章制度提出新的要求。而原有的规章制度也可能调整内容或有应予作废的内容。因此，必须根据实际情况及时修订与完善安全规章制度。修订完善后的规章制度还要组织再培训，要求操作人员熟悉它，严格遵守它。

1. 工作中必须加强协作和协调

协作与协调是保证员工作业安全的一个重要方面，特别是多个班组作业，多人在同一现场作业时，协作与协调的问题更为重要。

工作中协作协调不当的表现：

1）多头指挥，造成作业人员职责不清，信息混乱，发生误操作。

例如：1999 年 7 月 8 日，上海某公司沪 A5 *** 4 号车在国内某核电公司仓储科作业，往车上吊集装箱。箱体吊上车，吊车鸣笛收车时，大件车司机在未得到指挥人员信号的情况下，突然启动车辆，造成该核电公司职工陈某由集装箱上跌落、摔伤。

2）运行人员与维修人员协作不好，运行人员交待不清，维修人员不仔细询问情况，盲目作业。

例如，1993 年 12 月，国内某核电公司在电动疏水泵上检修作业，由于维修人员与运行人员联系不够，对泵体排水冷却情况不清，当工作人员打开泵体检修时，冒出大量高温水，险些造成人身事故。

3）作业人员之间，协调、协作不当，发生事故。

例如，1988年8月，国内某核电公司在04厂房二楼检查低压加热器安装时，因检查人员与安装人员协调、配合不当，设备突然起吊，滚杠滚动，压在张某左脚上，造成左脚二、三趾挫伤，四趾开放性骨折。

4）班组之间协作、协调不当，引起事故。

例如，1986年9月，国内某核电建筑公司一公司木工班李某等三人安钢窗，当李某检查窗户时，发现有两根脚手架支撑钢管搭在窗台上（架子班不该如此，使木工班无法作业），该钢窗无法安装。李某想趁脚手架上无人工作，取下钢管，想安好窗户后再把钢管恢复原状。谁知，当李某取下钢管不到2分钟，瓦工班隋某提着灰桶到檐下刷白，当他走到取走支撑管的脚手架探头板时，从五楼坠下，头先着地，送医院抢救无效死亡。

2. 如何搞好协作协调，避免事故

核设施任何一项作业的组织实施过程中都必须强调协作与协调，以保证集体和个人的安全。各方的工作组织者和作业人员应明确各自的身份、职责，保证在各自状态、特殊风险、安全措施等方面的良好交流与相互理解。

对以下几点应予强调：

1）对单一班组的作业现场，工作负责人是唯一负责人。

2）对于有多个班组共同作业的现场，各班组负责人应主动协作、协调，绝不允许各自为政，必要时指定其中一位负责人为协调人，或另派专人为协调人。

3）运行人员与维修人员必须保持密切交流和协作，尤其对关键点，特殊安全事项，双方应有统一、明确认识。任何状态的变化（运行状态和检修状态的变化）都必须及时交流，并采取统一的相应行动。

4）工作前，工作负责人必须向全体作业人员交待清楚工作的性质，方法，安全措施。

5）工作准备人员应做好风险分析，不仅向作业人员交待清楚技术上的要求，还必须交待清楚作业环境，工具材料及系统风险的情况及应采取的措施。

第六节　环境保护知识

一、环境保护的基本知识

1. 环境的定义和分类

在环境科学中，环境是指以人类为主体的外部世界，其主要指地球表面与人类发生相互作用的各个自然要素及其总体，它包括地球表面的陆地、海洋和大气层。这是人类和其他一些生物赖以生存和发展的物质基础，也是人类开发和利用的对象。

环境是一个多层次、多结构的复杂系统，可按不同的方法分类。环境按空间范围可分为居室环境、厂房环境、村落环境、城市环境、区域环境、全球环境等。环境的空间范围随着人类认识能力和活动范围的开拓而扩展，现在甚至把影响人类的宇宙因素也包括在内，称为宇宙环境。环境按组成要素可分为大气环境、水环境、土壤环境、岩石环境等。地质学中把环境分为大气圈、水圈、土壤-岩石圈，而地球上凡有生物存在的地方又统称为生物圈，它包括从大气圈对流层顶部到地壳风化层和成岩层底部。环境还可以从生态学角度分到陆生环境、水生环境等。

2. 环境的基本特性与环境物质

(1) 特征

1) 整体性：环境的各个组成部分和要素之间构成了一个有机整体。在不同的环境空间中，大气、水体、土壤、植被等自然环境物质有着相对确定的分布及相互作用的关系，从而具有特定的结构。通过相对稳定的物质和能量流动网络和彼此关联的动态变换规律，环境在不同时刻呈现不同的状态，这种整体性使环境成为一个系统，故又称为环境系统。

2) 区域性：环境的不同层次或不同空间的地域，其结构形态、组织状况、能量与物质流动的规模和途径、稳定程度等具有相对的特殊性，从而显示出区域的特征。

3) 变动性：环境在自然和人类活动的共同作用下，其内部结构和外部状态始终处于不断变化的过程中，其中，人类的活动可以促进环境定向发展，也可能导致环境退化。

4) 修复性：一个环境系统在一定的条件下和一定的时间内，表现为平衡状态。当受到自然或人类活动的影响而打破平衡时，就会引起环境结构和状态的改变。只要这种改变不超过一定的限度，环境体系具有一种自动调节功能，可使这些变换逐渐消失，其结构和状态恢复原来的面貌，即当出现改变环境平衡的条件时，平衡会向消弱这种改变的方向移动，这就是环境的修复性。但是，当这种改变超过一定限度时，改变就称为不可逆转的了。

(2) 环境物质

环境中生存的具有一定环境活性，并对生命物质可能产生各种直接或间接影响的物质。例如，水体及其所含的各种化学物质，大气及其所含的各种组分等。

环境物质可由自然因素或人类活动而释入环境，并在环境中发生迁移、转化和积聚，从而对人类健康、生态平衡或环境质量产生影响。

通常，按存在状态的不同，可把环境物质分为大气、水、岩石、土壤和生物等几个大类；还可按对人类、生态和环境影响的不同，分为有害物质和无害物质两大类。

环境有害物质是指对人类健康、生态平衡或环境质量产生不利影响的各种环境物质。但是，有害与无害是相对的、发展的和变化的，随着数量和存在状态的改变，有害物质和无害物质之间可能发生相互转化。例如，硒是人体必需的一种微量元素，但环境硒含量过低或过高均对人体健康有害；汞是有害物质，但由于土壤中的无机汞不易被植被吸收，因此对人体危害相对较小，而有机汞则相反，对人体危害很大。

3. 环境的污染与保护

(1) 环境污染

环境污染是指有害物质进入环境，经过扩散、迁移、转化和积聚，引起环境系统和功能的改变，导致环境质量下降，对人类或其他生物的正常生存和发展产生不利影响，这种现象是环境污染。引起环境污染的物质或因子称为环境污染物或环境污染因子，它按形态有气、液、固体及热、声、辐射等不同种类。向环境排放污染物或对环境产生有害影响的场所、设备和装置等，称为环境污染源。

(2) 环境自净

指环境受污染后,在自然条件下,在有限的时间内,污染物浓度或总量降低到不产生危害的程度。环境自净按其机理可分为。

1) 物理自净:通过扩散、混合、稀释、淋洗、挥发、沉降、吸附等物理作用,使环境中的污染物得以净化的过程,称为物理自净。物理自净的能力除与污染物的物理性质(如粒度、相对密度、形态、表面活性等因素)有关外,还取决于环境的物质条件(如温度、气流、降水及地理条件等);

2) 化学自净:通过污染物与环境物质或不同污染物之间的化学反应(如氧化、还原、化合、分解、络合、离子交换、化学吸附等),使环境中的污染物得以净化的过程,称为化学自净。化学自净能力除取决于污染物的化学性质和化学形态外,还与环境物质的酸碱度、氧化还原电位、温度和化学组成等因素有关。

3) 生物自净:通过自然界中的生物对环境污染物的吸收、降解、转化、富集等作用,使之得以净化的过程,称为生物自净。生物自净能力除与污染物有关外,主要取决于生物的种类、环境温度和供养状况等。

(3) 环境保护

环境保护系指人类为解决现实的或潜在的环境问题,维持自身生存的发展而进行的各种具体实践活动的总称。自 20 世纪 50 年代以来,由于工农业的迅速发展和对自然资源的盲目开发,使环境遭到了严重污染和破坏,环境质量急剧下降,生态平衡严重失调,环境问题已成为危及人类健康,制约经济发展和文明进程的全球性问题。世界各国纷纷采取科技技术、行政管理、司法、经济、宣传、教育等各种环境保护措施,努力防治环境污染,合理利用自然环境,逐步重建人类与环境之间的依赖关系,促进社会与环境的协调发展。

4. 环境中的核辐射

(1) 环境辐射源

地球上每一个人都受到各种天然辐射和人工辐射的照射。其中,来自天然辐射源的电离辐射称为天然辐射;来自人工辐射源的电离辐射称为人工辐射。对人类群体造成照射的各种天然及人工辐射源称为环境辐射源。

(2) 天然辐射源

天然辐射源来源于宇宙辐射、陆地辐射、氡和矿物开采所致的辐射。

太阳是人类接受到的最大天然辐射源。我们接受太阳辐射的能量主要是可见光、红外线、远红外、还有紫外线。由于太阳和地球的距离很远,因此强度也大大降低了。天空打雷、地震和火山爆发等也会产生较强的电磁辐射。一些宇宙天体也向地球发射 X 射线、γ 射线。地球上部分矿物质,如花岗岩,也能放出 γ 射线。人体也是一个小小的辐射源,人体辐射的电磁波频率分布主要为红外与远红外。常见的射线类型有 α 射线、β 射线和 γ 射线等。

我国居民所受天然辐射年有总剂量约为 2.5~3 mSv。其中外照射年有效剂量当量为 0.84 mSv;内照射年有效剂量约为 0.16~2 mSv。

(3) 人工辐射源

放射性物质间接地进入环境,对公众造成自然条件下原本不存在的辐射照射的这类辐射源称为人工辐射源。主要包括:核试验(大气层核试验和地下核试验)、核武器制造、核能生产（铀矿开采、水冶、^{235}U 的浓缩、燃料元件制造、核反应堆发电、乏燃料贮存或后处理及放射性废物的贮存和处置，放射性物质在整个核燃料循环的各环节间循环）、放射性同位素的生产和应用、核事故等。

放射性是个自发过程，一旦存在于环境之中将不会受到外界任何影响，高低温、高温、强电磁场都不能改变放射性规律。根据有关资料记载，人工辐射源对公众产生的平均年剂量值如表 3-4 所示。

表 3-4　人工辐射源对公众产生的平均年剂量值

辐射源	剂量/（mSv/a）
放射诊断	0.22
放射治疗	0.03
医用同位素	0.002
放射性废物	0.002
核爆炸落下尘	0.01
职业照射	0.009
核设施周围	0.001～0.02
其他辐射源	0.012

二、乏燃料后处理厂环境管理体系简介

1. 公司的环境方针

公司的环境方针为遵守法规、以人为本、科学管理、持续改进、以核为主、安全发展。

直接参与乏燃料后处理厂的运行、整改、维修等活动和为中试厂提供现场服务的相关方要在其作业活动中贯彻本方针。

2. 公司的环境管理组织机构

公司环境管理组织机构建立在原有行政管理机构上，按照“积极兼容”的原则，在各自的职能范围内赋予相应的环境管理职责。

3. 环境管理体系文件

环境管理体系文件分为环境管理手册、环境管理体系程序以及环境管理体系技术支持性文件三个层次。图3-1给出了环境管理体系文件的架构。

（1）环境管理手册

公司环境管理手册阐述了公司环境方针、环境管理体系组织机构和职责、环境因素、目标和指标、环境管理方案、实施环境管理各要素的主要活动及相互间关系、环境管理体系文件及文件架构、查阅相关文件的途径以及手册的评审、修改和控制等。

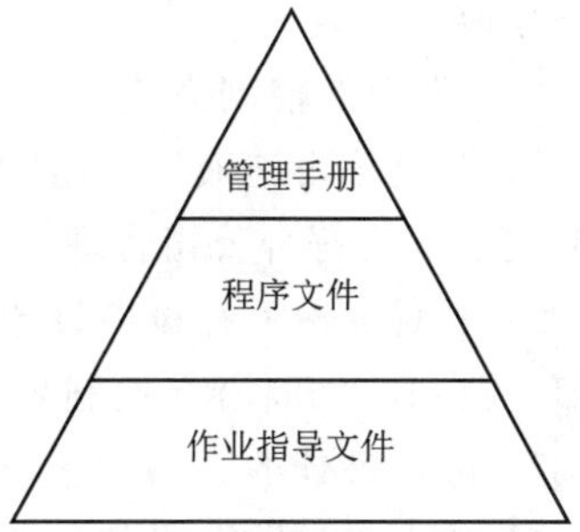

图 3-1　环境管理体系文件的架构

(2) 环境管理体系程序

为完成环境管理体系要求的环境管理活动所规定的原则和方法。它是环境管理手册的支持性文件,是环境管理体系实施中的内部法规性文件,具有可操作性和可检查性。

(3) 环境管理体系技术支持性文件

所有进行环境管理活动的技术程序、要求、指导说明和报告。例如技术规程、规范、作业指导书等。

三、放射性废物管理

中试厂在具有放射性环境影响的同时,也有非放射性废物(如生活污水、垃圾等)、资源(如土地、水、纸张)消耗、电磁辐射等环境问题。中试厂正常运行对环境产生的影响,主要来自中试厂放射性废气、废液的排放以及固体废物的处理处置。

1. 放射性废物管理的基本原则

1) 保护人类健康、保护环境、保护后代,遵守国家法律和法规。

2) 必须遵循废物最小化原则。

3) 废物管理必须遵循"减少产生、分类收集、净化浓缩、减容固化、严格包装、安全运输、就地暂存、集中处置、控制排放、加强监测"的方针,以安全为目的,以处置为核心,实行集中运行管理。

4) 实行废物总量和(或)浓度与经济手段控制相结合的原则,控制各类放射性废物的产生量。

2. 放射性废物的分类

废物按其放射性活度水平分为免管废物、低水平放射性废物、中水平放射性废物和高水平放射性废物,按其物理性分为气态废物、液体废物和固体废物。

3. 废物的控制措施

(1) 废气的控制措施

1) 定期检查过滤器、吸附器、洗涤器等净化效率并及时更换净化装置不部件。

2) 严格执行《核燃料循环设施放射性流出物归一化排放量管理限值》以及国家环保总局批复的放射性流出物排放量控制值。

3) 保持厂房进风过滤系统的高效可靠性,降低放射性气溶胶浓度。

4) 定期检查核设施工艺废气处理系统和放射性工作区域通风系统的气流走向并保持负压和换气次数。

(2) 废液的控制措施

1) 新建核设施液体流出物必须实行槽式排放,确保排放废液的放射性浓度及有毒物质含量或浓度均符合公司管理。

2) 要对废液贮存设施设置多重安全屏蔽,设置必要的检测仪表。高放废液贮槽应设置冷却、防核临界和检测、控制氢气浓度的系统。

3) 选择最佳的去污程序、最优化的去污方法,减少去污用水量。

4) 减少废液贮存设施和其他系统的泄露,严防"跑、冒、滴、漏"现象发生。

5) 进行辐射工作时严防污染及扩大污染,去污时及时进行监测,减少废物产生量。

（3）固体废物的控制措施

1）严格区分放射性与非放射性废物。

2）严格执行操作规程，只许更换符合条件的过滤器芯。

3）检修时尽可能重复使用有利用价值的材料和零部件。

4）制订周密检修计划，禁止将多余的材料和零部件及其外包装带入控制区。

5）避免人员和设备材料的污染，严防交叉污染。

6）选择最优化的废物处理方法，减少二次废物的产生。

第四章　质量管理知识

学习目标：准确、科学地理解质量保证和质量控制的内涵，理解和掌握乏燃料后处理萃取质量保证和质量控制的原则和要求。

第一节　质量保证基础知识

一、质量管理简介

质量管理研究对象是产品或服务的质量。就一个企业、工厂或事业单位而言，质量是经营管理的一个重要组成部分。

质量管理活动包括：质量方针与质量目标的建立；质量策划；质量控制；质量保证；质量改进。以上活动均为“在质量方面指挥和控制组织的协调活动”（GB/T 19000—2008《质量管理》的定义）。

二、质量管理八项原则

1. 以顾客为关注焦点

组织依存于顾客。因此，组织应当理解顾客当前和未来的需求，满足顾客要求并争取超越顾客期望。

2. 领导作用

领导者应确立组织的目的与方向的一致。他们应当创造并保持良好的内部环境，使员工能充分参与实现组织目标的活动。

3. 全员参与

各级人员都是组织之本，唯有其充分参与，才能使他们为组织的利益发挥其才干。

4. 过程方法

将活动和相关的资源作为过程进行管理，可以更高效地得到期望的结果。

5. 管理的系统方法

将相互关联的过程作为体系来看待、理解和管理，有助于组织提高实现目标的有效性和效率。

6. 持续改进

持续改进总体业绩应当是组织的永恒目标。

7. 基于事实的决策方法

有效决策建立在数据和信息分析的基础上。

8. 与供方互利的关系

组织与供方相互依存、互利的关系可增强双方创造价值的能力。

三、质量保证的重要性

1. 重要术语

在 IAEA 50-C/SG-Q(1996)《核电厂和其他核设施安全的质量保证》“术语”中指出:“已制定的 NUSS 质量保证文件,使用了普通日常语言,未使用现有的国家和国际标准所定义通常术语以外的独特质保术语”,因此本教材的术语优先引用“HAF”系列及安全导则的术语,在 HAF 系列中未找到的,引用 GB/T 19000—2008/ISO 9000:2005《质量管理体系基础和术语》所定义的术语。

(1) 有关质量的术语

1) 质量(Quality):HAD 003/01《核电厂质量保证大纲的制定》2.1.1“质量”的含义:

核电厂的物项和服务均需具有按它们对安全的重要性和使用目的而规定的质量。

每一物项和服务的质量是由可鉴别和可测量的特性决定的。物项的质量特性可通过性能(物理、尺寸、冶金和化学性能)、状态或条件(温度、压力和密度)或使用特性(速度、持续时间、输出、消耗、预计寿命、准确度、效率、精确度)来规定,服务的质量特性可根据特定情况进行规定。

GB/T 19000—2008《质量管理体系基础和术语》3.1.1“质量”的定义:

一组固有特性满足要求的程度。

注 1:术语“质量”可使用形容词,如:差、好或优秀来修饰。

注 2:“固有的”(其反义是“赋予的”)就是指本来就有的,尤其是那种永久性的特性。

2) 要求(Requirement):GB/T 19000—2008《质量管理体系基础和术语》3.1.2“要求”的定义是指明示的、通常隐含的或必须履行的需求或期望。

注 1:“通常隐含”是指组织、顾客和其他相关方的惯例或一般做法,所考虑的需求或期望是不言而喻的。

注 2:特定要求可使用限定词表示,如产品要求、质量管理要求、顾客要求。

注 3:规定要求是经明示的要求,如在文件中阐明。

注 4:要求可由不同的相关方提出。

注 5:本定义与 ISO/IEC 导则(2004)第 2 部分:3.12.1 中给出的定义不同。3.12.1 要求是指表达应遵守的准则的条款。

在理解质量的概念时,应注意:质量描述的是“特性”和“要求”两者之间的关系,即“特性”满足“要求”的程度越高,质量越好;反之,则认为质量低或差。

3) 关于“固有特性”:特性是指可区分的特征。特性可以是固有的或赋予的;可以是定性的或定量的;有各种类别的特性,如 HAD 003/01 关于“质量”定义中所列出的特性。

“固有的”就是指某事或某物中本来就有的,尤其是那种永久的特性。例如,安全壳筒体的强度、尺寸;螺栓的直径、材料的机械性能或接通电话的时间等技术特性。

赋予特性不是固有的,而是完成产品后因不同的要求而对产品所增加的特性,如安全壳外表面的颜色;产品的价格等特性。

产品的固有特性与赋予特性是相对的,某些产品的赋予特性可能是另一些产品的固有特性,例如:供货时间及运输方式对硬件产品而言,属于赋予特性;但对运输服务而言,就属于固有特性。

4) 关于“要求”:“明示的”可以理解为是规定的要求。如在文件中阐明的要求或顾客明确提出的要求。

“通常隐含的”要求,一般情况下,顾客或相关方的文件(如标准)中不会对这类要求给出明确的规定(如银行对客户存款的保密性),但规定的用途或已知的预期用途所必然包含的要求。组织应根据自身产品的用途和特性进行识别,并做出规定。

“必须履行的”是指法律法规要求的或强制性标准要求的。如电器的安全。组织在产品的实现过程中必须执行这类标准。

要求可以由不同的相关方提出,不同的相关方对同一产品的要求可能是不相同的。例如对汽车来说,顾客要求美观、舒适、轻便、省油,但社会要求对环境不产生污染。组织在确定产品要求时,应兼顾顾客及相关方的要求。

(2) 有关组织的术语

1) 组织(Organization):GB/T 19000—2008《质量管理体系基础和术语》3.3.1“组织”的定义为职责、权限和相互关系得到安排的一组人员及设施。

示例:公司、集团、商行、企事业单位、研究机构、慈善机构、代理商、社团或上述组织的部分或组合。

注 1:安排通常是有序的。

注 2:组织可以是公有的或私有的。

注 3:本定义适用于质量管理体系标准。术语“组织”在 ISO/IEC 指南 2 中有不同的定义。

2) 顾客(Customer):GB/T 19000—2008《质量管理体系基础和术语》3.3.5“顾客”的定义为接受产品的组织或个人。

示例:消费者、委托人、最终使用者、零售商、受益者和采购方。

注:顾客可以是组织内部的或外部的。

(3) 有关管理的术语

1) 质量保证(Quality Assurance):为使物项或服务与规定的质量要求相符合并提供足够的置信度所必需的一系列有计划的系统的活动。

在理解质量保证的概念时,应注意以下几个要点。

从质量保证定义可看出:质量保证包括使物项或服务达到要求所需的活动,以及对达到预期质量要求的能力提供足够的置信度所需的活动。

保证质量、满足要求是质量保证的目的,质量管理体系的建立和运行是提供足够的置信度的重要手段。因为质量管理体系采取了有效的方法对所有影响质量的因素,如技术、管理、环境和人员等因素进行控制,使得工作正确地进行和问题得到预防。万一产生了问题可测知并采取纠正措施和预防措施。因而具有减少特别是预防不符合的机制。

“质量保证”用于核电厂运行时,包括所有为保证核电厂按规定要求进行运行时所必需的有计划的系统的活动。

2) 质量控制(Quality Control):按规定要求为控制和测量某一物项、工艺和装置的性能提供手段的所有质量保证活动。

质量控制适用于对组织任何质量的控制,如生产领域、设计、采购、人员配备与培训等,可以说质量控制涉及组织内几乎所有的活动。质量控制的目的是保证质量,满足要求。为此，要解决要求（标准）是什么、如何实现（过程）、需要对哪些进行控制（包括对质量问题采取措施进行纠正并防止再发生的措施）等问题。

注意：质量控制不是检验。

“质量控制”和“质量保证”的联系：由质量保证和质量控制的定义可知，质量控制也属于质量保证的一部分。只有有效地实施质量控制，才能提供质量保证。

3）质量改进（quality improvement）：GB/T 19000—2008《质量管理体系基础和术语》3.2.13“质量改进”的定义为质量管理的一部分，致力于增强满足质量要求的能力。

注：要求可以是有关任何方面的，如有效性、效率或可追溯性。

质量改进的目的是提高组织满足质量要求的能力。质量改进的对象可能会涉及组织的质量管理体系，过程和产品以及其他方面。为确保有效性、效率或可追溯性，组织应注意识别需改进的项目和关键质量要求，考虑改进所需的过程，以提高组织体系或过程实现产品并使其满足要求的能力。

质量改进不是预防发生质量不满足要求，而是在现有水平上不断提高产品质量、过程及体系的有效性和效率。

4）质量保证大纲（Quality Assurance Program）：为保证质量而规定的和要完成的全部工作综合在一起构成质量保证大纲。

这些工作包括两种基本类型：管理性的和技术性的。

质量保证大纲应包括为使物项或服务达到相应的质量所必需的活动，验证所要求的质量已达到所必需的活动，以及为产生上述活动的客观证据所必需的活动。

2. 质量保证的重要性

（1）质量的重要性

1）质量对企业的意义：

① 质量是企业的生命；

② 质量是企业信誉的标志；

③ 质量是企业开拓市场的武器；

④ 质量是提高企业经济效益的最佳途径。

2）质量对员工的意义：

① 质量与每位员工的工作有关；

② 质量是全体员工相互配合、共同努力的结果；

③ 为保证质量，每位员工都必须积极参与并做好本职工作。

（2）质量管理的重要性

1）质量管理对企业的意义：

① 质量管理是企业管理的一个重要组成部分，搞好质量管理有利于企业管理水平的提高；

② 管理水平的提高有利于提高各项工作的质量，保证产品质量；

③ 赢得用户信任；

④ 提高企业的经济效益。

2）质量管理对员工的意义：

① 质量管理需要全员的积极参与；

② 全体员工在质量管理活动中提高自身的素质,发挥自身的作用。

(3) 质量保证的重要性

1) 对企业的意义:

① 控制全部影响质量的活动;

② 不断对各项质量活动进行审核和评价,保证企业具有稳定生产满足质量要求的产品的能力;

③ 通过质量保证提高全体员工的信心和管理者的信心。

2) 对顾客的意义:

① 通过质量保证实现顾客的要求;

② 通过质量保证可证实企业具有满足顾客要求的能力;

③ 是企业得到顾客信任的有效手段。

四、质量保证要求

1.《核电厂质量保证安全规定》(HAF 003)

与核电厂质量保证直接相关的法规是 HAF 003《核电厂质量保证安全规定》,由国家核安全局根据法律和国务院行政法规在本部门权限范围内制定并发布,是具有法律约束力的文件。该法规共分 13 章,自 1991 年 7 月 27 日起实施。《核电厂质量保证安全规定》所属的安全导则(即 HAD 003/01~HAD 003/10)是指导性文件,它是说明或补充核安全规定或推荐实施法规的方法和程序的指导性文件,在实际工作中可采用不同于本导则规定的方法和方案,但须向国家核安全局证明所采用的方法和方案至少具有本导则相同的安全水平,不会对核电厂厂区和公众增加风险。

(1) 引言

1) 概述:《核电厂质量保证安全规定》提出的质保原则适用于核电厂和其他核设施。必须制定和实施核电厂质保总大纲和每一种工作的质保分大纲。本规定对制定和实施这些大纲提出了原则和目标。在完成某一特定工作中,对要达到的质量负主要责任的是该工作的承担者,而不是那些验证质量的人员。质量保证是"有效管理"的一个实质性的方面。质保大纲须对所有影响质量的活动提出要求和措施。质保大纲须周密制定,便于实施,并保证技术性的和管理性的工作充分地结合。

2) 范围:适用于核电厂各阶段。适用于对安全重要物项和服务的质量有影响的各种工作;适用于参与各种工作的单位和人员。

3) 责任:营运单位负责制定和实施质保总大纲。营运单位可委托其他单位制定和实施大纲的全部或其中的部分,但对总大纲的有效性负责,同时又不减轻承包者的义务或法律责任。

(2) 质量保证大纲

1) 概述:制定质保大纲是核电厂工程不可分割的一部分。该大纲须对核电厂有关工作的控制作出规定。每种工作的控制须符合本规定的要求。确定大纲所适用的物项、服务和工艺。对这些物项、服务和工艺规定控制和验证的方法或水平。对影响质量的活动规定控制条件。大纲须规定对从事影响质量活动的人员的培训。定期评价和修订大纲。规定文件的语种,文件的翻译本须由合格的人员审查。

2）程序、细则及图纸：影响质量的活动须按程序、细则和图纸来完成。程序、细则和图纸须包括定性和（或）定量的验收标准。定期审查和修订程序。

3）管理部门审查：管理部门要对其负责的那部分质量保证大纲的状况和适用性定期进行审查并对问题采取纠正措施。

（3）组织

1）责任、权限和联络：为了管理、指导和实施质保大纲，须建立组织机构，规定其职责、权限等级及内外联络渠道。实施质保大纲的人员包括管理者、从事者和验证者。组织结构和职能分工须做到：

① 活动的从事者实现其质量目标，包括自身所进行的检验、校核和检查；

② 当验证是否满足规定的要求时，验证只能由不对该工作直接负责的人员进行。

③ 规定负责实施和验证质量保证的人员和部门的权限和职能，这些职能保证制定和有效地实施质保大纲，验证各种活动正确地按规定进行；质保人员和部门须拥有足够的权力和组织独立性，向足够高的管理部门报告。

2）单位间的工作接口：同一工作有多个单位参与下，须规定各个单位的责任并规定参与单位之间的联络。须用文件进行主要信息的交流。

3）人员配备与培训：须制定人员配备和培训计划。按从事特定任务所要求的学历、经验和业务熟练程度，对人员进行资格考核。

（4）文件控制

1）文件的编制、审核和批准：对工作的执行和验证所需的文件的编制、审核、批准和发放进行控制。明确负责编制、审核、批准和发放文件的人员和部门。负责审核和批准的单位或个人有权查阅有关背景资料。

2）文件的发布和分发：按最新分发清单建立文件发布和分发系统。

3）文件变更的控制：变更文件按程序进行审核和批准。变更的文件须由审核和批准原文件的单位进行审核和批准或由其专门指定的其他单位进行。审、批单位有权查阅背景资料。把已变更的文件及时发给有关人员和单位。

（5）设计控制

1）概述：制定控制措施并成文。控制措施包括确保把规定的相应设计要求都正确地体现在技术规格书、图纸、程序或细则中；确保在设计文件中规定和叙述质量标准的条款。控制对规定设计要求和质量标准的变更和偏离。设计控制措施必须应用在：辐射防护；人因；防火；物理和应力分析；热工、水力、地震和事故分析；材料相容性；在役检查、维护和修理的可达性及检查和试验的验收准则等。

2）设计接口控制：书面规定各单位和各组成部门间的内外部接口。规定每个单位和组成部门的责任以及涉及设计接口的设计资料交流的方法。

3）设计验证：控制措施须为验证设计和设计方法作出规定。验证方法有设计审查、使用其他的计算方法、执行适当的试验大纲。设计单位确定验证方法。验证由未参加原设计的人员或小组进行。用文件给出验证结果。当用一个试验大纲代替其他验证或校核方法来验证具体设计特性时，须包括原型试验件的鉴定试验。

4）设计变更：制定成文的设计变更（包括现场变更）的程序。设计变更要用与原设计相同的设计控制措施。设计变更文件须由审核和批准原设计文件的同一小组或单位审核和批准;或指定对原设计的要求及意图有足够了解的其他单位。仔细考虑变更所产生的技术方面的影响。必须把有关变更资料及时送到所有有关人员和单位。

(6) 采购控制

1) 概述:采取措施保证采购文件中包括了核法规、设计基准等要求。

2) 对供方的评价和选择:按采购文件要求提供物项或服务的能力作为选择供方的基本依据。评价包含:对能表明其以往类似采购活动质量的资料的评价;对供方新近的质保记录的评价;到源地评价供方的技术能力和质保体系;用抽查产品进行评价。

3) 对所购物项和服务的控制:对所购物项和服务进行控制,控制包含:① 供方提供质量客观证据;② 对供方进行源地检查和监查;③ 物项或服务的交货检验;④ 在双方同意的地点,材料样品保存的时间;⑤ 文字证据在安装或使用前送到核电厂现场。

(7) 物项控制

1) 材料、零件和部件的标识:按制造、装配、安装和使用要求,制定标识物项的措施。标识物项所需的文件在整个建造中都能随时查到。最大可能地使用实体标识,不可能或不满足要求时,采用实体分隔、程序控制或其他适用的方法标识。标记清楚,不能含混和被擦掉。标记不得影响物项的功能。

2) 装卸、贮存和运输:按程序、细则或图纸对材料和设备进行清洗、包装和保管。

3) 维护:安全重要物项须维护以保证其质量相当于原来质量。

(8) 工艺过程的控制

对所使用的影响质量的工艺过程都须控制。对特殊工艺,要由合格的人员、按照认可的程序和使用合格的设备,按现有标准来完成。对现有规范、标准未包括的工艺或质量要求超出这些文件规定的情况,须对人员资格、程序或设备的鉴定要求另行规定。

(9) 检查和试验控制

1) 检查大纲:从事验证活动的单位或由其他单位代为制定和实施检查大纲。对保证质量所需的每一个工作步骤都进行检查。对安全重要的检查必须由未参加被检查活动的人员进行。当检查和工艺监视缺一就不能充分控制时,须同时进行检查和工艺监视。在适当文件中注明停工待检点,未经指定单位批准不得进行停工待检点后的工作。制定和执行在役检查大纲。

2) 试验大纲:制定试验大纲。按试验程序进行试验。试验在合适的环境条件下由受过适当训练的人员使用正确标定的仪表来进行。试验结果以文件形式给出并加以评定。

3) 测量和试验设备的标定:采取措施保证测量和试验设备都具有合适的量程、型号、准确度和精度。在规定的时间间隔或在使用前,对测量和试验设备进行标定和调整。当发现偏差超出限值时,须对以前测量和试验的有效性进行评价,并重新评定已试验物项的验收。采取措施保证适当地装卸、贮存和使用已标定的设备。

4) 检查、试验和运行状态的显示:物项的试验和检查状态须用合适的方法标识。在物项的整个制造、安装和运行中按需要保持检查和试验状态的标识。制定显示系统和部件的运行状态的措施。

(10) 对不符合项的控制

1) 概述:须制定措施,控制不满足要求的物项。标识不符合要求的物项。为不符合要求物项制定控制下一步工序、交货或安装的措施并实施。

2）对不符合项的审查和处理：按文件规定的程序对不符合项进行审查并确定是否不加修改地接受、拒收、修理或返工。规定审查的责任和处理的权限。对已接受的不符合要求的物项须通知采购人员，必要时，向指定的机构报告。对经修理和返工的物项须重新进行检查。对已接受的变更、放弃要求或偏差的说明须形成文件，以指明不符合要求的物项的“竣工”状态。经修理和返工的物项须重新进行检查。

（11）纠正措施

质保大纲须规定措施以保证鉴别和纠正有损于质量的情况。对于严重的有损于质量的情况，须查明起因和采取纠正措施，以防止其再出现。用文件说明其鉴别、起因和所采取的纠正措施并向有关各级的管理部门报告。

（12）记录

1）质量保证记录的编写：

在质保大纲实施中，编写足够使用的质量保证记录。记录中，须有质量的客观证据。记录须字迹清楚、完整、并与所记述的物项或服务相对应。

2）质量保证记录的收集、贮存和保管：

须建立和执行质量保证记录制度。该制度须能保存足够的记录；并对记录的鉴别、收集、编入索引、归档、贮存、保管和处置作出规定。必须以文件形式对质量保证记录、有关的试验材料和样品的保存时间做出规定。标明核电厂物项“竣工”状态的记录在物项寿期内保存，对于不需全寿期保存的记录须规定保存时间。按程序处置记录。

（13）监查

采取措施验证质保大纲的实施及其有效性。执行内外部监查制度。监查按程序和监查项目表进行。监查人员须是对所监查的活动不负任何直接责任的人员。监查人员用文件给出监查结果。对被监查的领域负责的机构审核和纠正监查发现的缺陷。采取后续行动，以验证纠正措施的实施。

2. 质量保证大纲

质量保证大纲必须对所有影响质量的活动提出要求及控制措施，包括验证需要验证的每一活动是否已正确地进行，是否采取了必要的纠正措施或预防措施，因而具有减少、消除、预防不符合机制，还具有持续改进质量的功能。核电厂质量保证是以质量保安全，即指执行不同安全功能的物项按其相对安全重要性而有不同的质量要求和不同深度的质量保证活动。

HAF 103《核动力厂运行安全规定》规定：营运单位必须编制和实施一项覆盖可能影响核电厂安全运行的所有活动的全面的质量保证大纲。必须使质量保证成为可能影响安全的所有活动的必不可少的部分。质量保证的原则和方法必须系统地用于管理过程、运行活动、管理过程及运行业绩的评价。质量保证大纲必须对每个人员都有约束力。

（1）质量保证要求应用等级的划分

HAF 003 规定：必须确定质量保证大纲所适用的物项、服务和工艺。对这些物项、服务和工艺必须规定相应的控制和验证的方法或水平。根据已确定的物项对安全的重要性，所有大纲必须相应地制定出控制和验证影响该物项质量活动的规定。这表明必须根据各种物项、服务和过程对安全和运行所具有的不同重要性，执行严格程度不同的质量保证要求，即是将质量保证要求应用时划分若干等级，对安全和运行具有不同重要性的物项、服务和过程，应用不同等级的质量保证要求。质量保证要求应用分级表示对物项及影响物项质量的活动进行控制和验证的不同的严格程度。

(2) 质量保证要求应用分级(下称质量保证分级)的原则

服务或过程，其实质都是影响物项质量的活动。在质量保证中，物项与影响其质量的活动两者是联系在一起的。进行质量保证要求应用分级时，除了要考虑各种物项对核电厂安全和运行重要性的差别外，还应考虑作用于物项的各种活动，因其成熟性和复杂性等因素的差异而对物项质量所施加的影响程度是不同的。

质量保证要求应用分级应考虑的具体原则如下。

① 物项或服务在安全和运行上的重要性；

② 物项的复杂性、独特性和新颖性；

③ 若物项丧失功能的可能后果或活动不正确进行的可能后果；

④ 所涉及的领域(设计、采购、制造、建造、运行和管理)的成熟性和复杂性；

⑤ 工艺、方法和设备是否需要特殊的控制、管理和检查；

⑥ 能用检查和试验对其功能合格性进行验证的程度；

⑦ 物项的质量史和标准化程度；

⑧ 安装后，物项在维修、在役检查、更换和事故情况下的可达性。

(3) 核燃料后处理厂物项和服务质量保证分级和要求

核燃料后处理厂物项和服务质量保证分为四个等级(EJ/T 939—2014)，如表 4-1 所示。

表 4-1 质量保证分级表

质量保证级	代码
质量保证 1 级	QA1(最高级)
质量保证 2 级	QA2
质量保证 3 级	QA3
非核质量保证级	QAN

不同的质量保证分级根据严格程度，分别要满足核安全法规要求、合同和采购文件质保要求等相应的质量保证要求。

第二节 质量控制基础知识

一、质量控制

1. 质量控制简介

质量控制的工作内容包括了作业技术和活动，即包括专业技术和管理技术两方面。质量控制的目的是保证质量，满足要求。质量控制应贯彻预防为主与检验把关相结合的原则，在项目形成的每一个阶段和环节，即质量环的每一阶段，都应对影响其工作质量的人、机、物、法、环(4M1E)因素进行控制，并对质量活动的成果进行分阶段验证，以便及时发现问题，查明原因，采取措施，防止类似问题重复发生，并使问题在早期得到解决，减少经济损失。

为使每项质量活动都能有效，质量控制对干什么、为何干、如何干、由谁干、何时干、何地干等问题应做出规定，并对实际质量活动进行监控。

2. 质量控制中控制的理解

1）制订以及达到预定质量要求的过程；

2）管理过程，包括：① 确定标准；② 检测结果；③ 发现差异；④ 采取措施调整；⑤ 达到预定质量要求。

3. 质量要求

1）对产品的质量要求；

2）对过程的质量要求；

3）对具体工作（服务）的质量要求。

4. 作业技术

1）操作规程、方法；

2）检测规程、方法等。

5. 作业活动

1）一个具体工作过程；

2）一个作业活动一般应包括计划、实施、检查和改进等环节。

6. 质量控制的意义

（1）对企业的意义

1）质量控制是实现质量保证的基础；

2）消除不满意结果的原因，取得经济效益。

（2）对员工的意义

1）员工的技能是质量控制的重要内容；

2）员工是实现质量控制的重要因素。

二、质量控制基础知识

1. 质量计划

质量计划的质量控制点为活动中要求由独立的验证人员进行验证工作质量的工序点，质量控制点分停工待检点（H 点）、见证点（W 点）和审查点（R 点）三类，其中 H 点的级别最高，R 点的级别最低。

停工待检点（H 点）是特定的质量控制点。当实施一项活动过程或操作时，必须有指定人员到场给予放行才允许继续进行该控制点以后的工作。放行基于特定人员在现场的观察或进行独立检查、检验或审核。没有书面论证和相关负责人的批准不得越过或取消停工待检点。

见证点（W 点）是工作次序中特定的某个步骤。在此要求指定的人员对该步骤的作业过程进行见证或检查，目的是验证该步骤的工作是否已按批准的控制程序完成。

审查点（R 点）是指由被监督方向监督方出示质量审查点（重要工序）的有关质量文件（如实际工艺参数和检验数据等记录），监督方将实测数据和检验记录与设计文件、有关标准及验收准则进行核对或比较，以确定该工序是否处于受控状态。

2. 材料和设备的管理

1）设施运行用主要原材料必须按要求进行验收、标识、搬运、装卸、贮存和保管，确保其质量不发生改变，保证合格的材料才能投入到生产运行之中。

2）运行设备和工艺系统必须按《维修大纲》的要求进行维护、保养和检修，确保其性能满足设计要求和生产运行的需要，并处于完好和备用状态。

3. 运行规程

1）工艺规程和操作规程必须经职能部门和授权人员审核、批准、确认，并与运行限值和条件一致，同时要保证现场和各类人员均能使用其现行有效的版本。

2）运行限值和条件必须满足国家核安全局批复的运行许可证规定的限值和条件，它是设施运行中操作控制的重要依据，运行人员必须熟知并严格遵守和执行。

4. 工作场所

1）现场所用辐射防护大纲和剂量监测计划、规程等必须经职能部门审核、主管领导批准，并为现行有效版本。

2）现场操作人员必须按规定要求佩戴劳动保护用品，严格执行放射性控制区域出入的管理规定；适宜时在辐射防护人员的监护下，方可实施操作，并严格控制工作时间。

3）工作场所的表面放射性物质污染控制和控制区气溶胶浓度管理及场地清洁度控制必须符合规定限值水平；对于进行设备维修时辐射水平的控制，应首先对设备进行去污，再按去污后的辐射水平，确定工作方式和工作时间，最后保证在规定的限值下组织实施。

第五章　相关法律、法规知识

学习目标：通过学习《中华人民共和国劳动法》《中华人民共和国安全生产法》《中华人民共和国保守国家秘密法》《中华人民共和国环境保护法》《中华人民共和国放射性污染防治法》，了解各项法律的适用范围、立法的目的以及具体包括的基本内容。

第一节 《中华人民共和国劳动法》的相关知识

一、适用范围

劳动法第 2 条明确规定："在中华人民共和国境内的企业、个体经济组织和与之形成劳动关系的劳动者，适用本法。国家机关、事业组织、社会团体和与之建立劳动合同关系的劳动者，依照本法执行。"根据这一规定及有关劳动行政法规和劳动规章的规定，适用范围如下：

1）在中华人民共和国境内的企业、个体经济组织和与之形成劳动关系的劳动者适用本劳动法。这里的"企业"是指各种类型的企业，包括国有企业、集体所有制企业、中外合资企业、中外合作企业、外商独资企业、股份制企业、混合形企业、港澳台企业、私营企业、联营企业、乡镇企业等。个体经济组织是指雇工在 7 人以下的个体工商户。在中国境内的企业、个体经济组织与劳动者之间，只要形成劳动关系，不论他们之间是否订立劳动合同都适用本法。

2）国家机关、事业组织、社会团体实行劳动制度的以及按规定应实行劳动合同制度的工勤人员；其他通过劳动合同与国家机关、事业组织、社会团体建立劳动关系的劳动者，适用本法。

3）实行企业化管理的事业组织的人员适用本法。实行企业化管理的事业组织是指国家不再核拨经费，实行独立核算、自负盈亏的事业组织。

二、立法的目的

为了保护劳动者的合法权益，调整劳动关系，建立和维护适应社会主义市场经济的劳动制度，促进经济发展和社会进步，根据《中华人民共和国宪法》，制定本法。

三、基本内容

1. 总则
2. 促进就业
3. 劳动合同和集体合同
4. 工作时间和集体合同
5. 工资

6. 劳动安全卫生
7. 女职工和未成年工特殊保护
8. 职业培训
9. 社会保险和福利
10. 劳动争议
11. 监督检查
12. 法律责任
13. 附则

具体内容详见《中华人民共和国劳动法》中全文。

第二节 《中华人民共和国安全生产法》的相关知识

一、适用范围

《中华人民共和国安全生产法》中第二条明确规定:在中华人民共和国领域内从事生产经营活动的单位(以下统称生产经营单位)的安全生产,适用本法;有关法律、行政法规对消防安全和道路交通安全、铁路交通安全、水上交通安全、民用航空安全另有规定的,适用其规定。

1) 本法是专门调整涉及安全生产的相关关系的法律,因此,其适用的范围只限定在生产经营领域。不属于生产经营活动中的安全问题,如公共场所集会活动中的安全问题、正在使用中的民用建筑物发生垮塌造成的安全问题等,都不属于本法的调整范围。这里讲的"生产经营活动",既包括资源的开采活动、各种产品的加工、制作活动,也包括各类工程建设和商业、娱乐业以及其他服务业的经营活动。

2) 本法适用的主体范围,包括一切从事生产经营活动的国有企业事业单位、集体所有制的企业事业单位、股份制企业、中外合资经营企业、中外合作经营企业、外资企业、合伙企业、个人独资企业等,不论其经济性质如何、规模大小,只要从事生产经营活动的,都应遵守本法的各项规定,违反本法规定的行为将受到法律的追究。

3) 当然,按照依法治国、依法行政的要求,各级人民政府及政府有关部门对安全生产的监督管理,也必须遵守本法规定。依照本法规定对安全生产工作负有监督管理职责的机关及其工作人员不依法履行职责、玩忽职守或者滥用职权的,将受到法律的追究。

4) 鉴于消防安全问题已有《消防法》调整;道路、铁路、水运、空运等交通运输的安全问题,已有《海上交通安全法》、《铁路法》、《民用航空法》等法律或者《道路交通管理条例》等行政法规专门调整,因此,本条规定,有关法律、行政法规对消防安全和道路交通安全、铁路交通安全、水上交通安全和民用航空安全另有规定的,分别适用有关法律、行政法规的规定。

二、立法的目的

《中华人民共和国安全生产法》中第1条明确规定:为了加强安全生产监督管理,防止和减少生产安全事故,保障人民群众生命和财产安全,促进经济发展,制定本法。

1) 加强安全生产的监督管理。所谓安全生产,就是指在生产经营活动中,为避免发生造成人员伤害和财产损失的事故而采取相应的故事预防和控制措施，以保证从业人员的人身安全，保证生产经营活动得以顺利进行的相关活动。

2）防止和减少生产安全事故，保障人民群众生产和财产安全。所谓安全生产事故，是指在生产经营活动中发生的意外的突发事件的总称，通常会造成人员伤亡或财产损失，使正常的生产经营活动中断。

3）促进经济发展。安全生产，是要在生产经营活动的过程中保证安全，不是单纯为安全而安全，不能脱离生产经营活动讲安全，保证生产安全，本身也是为了保证生产经营活动的正常进行，促进经济的健康发展，这也是制定安全生产法的立法目的之一。

三、基本内容

1. 总则
2. 生产经营单位的安全生产保障
3. 从业人员的权利和义务
4. 安全生产的监督管理
5. 生产安全事故的应急救援与调查处理
6. 法律责任
7. 附则

具体内容详见《中华人民共和国安全生产法》中全文。

第三节 《中华人民共和国保守国家秘密法》的相关知识

一、适用范围

《中华人民共和国保守国家秘密法》第3条规定国家秘密受法律保护。一切国家机关、武装力量、政党、社会团体、企业事业单位和公民都有保守国家秘密的义务。任何危害国家秘密安全的行为，都必须受到法律追究。

二、立法的目的

为了保守国家秘密，维护国家安全和利益，保障改革开放和社会主义建设事业的顺利进行，制定本法。

三、基本内容

1. 总则
2. 国家秘密的范围和密级
3. 保密制度
4. 监督管理
5. 法律责任
6. 附则

具体内容详见《中华人民共和国保守国家秘密法》中全文。

第四节　《中华人民共和国环境保护法》的相关知识

一、适用范围

《中华人民共和国环境保护法》第 3 条规定了我国环境保护法的适用范围，即“本法适用于中华人民共和国领域和中华人民共和国管辖的其他海域”，这里的“中华人民共和国领域”包括我国的领陆、领水及领空。“中华人民共和国管辖的其他海域”是指我国管辖的领海以外的，依国际法仍享有管辖权的海域，如大陆架、专属经济区、毗连区等。因此可以说，凡在中华人民共和国主权管辖的区域和依照国际法应由中华人民共和国管辖的大陆架、专属经济区、毗连区等海域内从事对环境有影响的活动的单位和个人，均应遵守《中华人民共和国环境保护法》的规定。另外，作为我国环境保护法体系重要组成部分的《中华人民共和国海洋环境保护法》第 2 条第 3 款还规定：“在中华人民共和国管辖海域以外，排放有害物质，倾倒废弃物，造成中华人民共和国管辖海域污染损害的，也适用于本法。”这里规定的适用范围，要比《中华人民共和国环境保护法》规定的适用范围更大。

二、立法的目的

我国《环境保护法》第一条规定：“为保护和改善生活环境与生态环境，防治污染和其他公害，保障人体健康，促进社会主义现代化建设的发展，制定本法。”此条包含了以下三个方面的内容：第一、保护和改善生态环境，防治污染和其他公害，这一点是基础的直接的目的，这也是环境法的基本的任务，因而是不言而喻的。第二、保障人体健康，这是环境法的根本任务，是最终目标之一，强调人的利益。第三、促进社会主义现代化建设的发展，即保障经济社会的发展，这也是环境法的最终目标之一。

保护和改善生活环境与生态环境，防治污染和其他公害是环境保护法的直接目的；保障人民身体健康是环境保护法的根本任务，也是环境保护立法的出发点和归宿；促进经济增长是因为环境保护与经济发展有内在的相互制约和依存的关系。这三项立法目的之间有着内在联系。首先，社会生产水平决定人们的物质生活水平，并进而决定人们对环境质量的需求；同时，随着经济的发展和社会物质的丰富，人们会在要求提高物质文化生活水平的同时，要求进一步建设清洁、安静、优美、舒适的环境。因此，把发展经济同环境保护、维护人民身体健康三者联系起来作为环境保护法的立法目的，是社会主义社会发展与经济建设的客观规律的反映。

三、基本内容

1. 总则
2. 环境监督管理
3. 保护和改善环境
4. 防治环境污染和其他公害
5. 法律责任

6. 附则

具体内容详见《中华人民共和国环境保护法》中全文。

第五节 《中华人民共和国放射性污染防治法》的相关知识

一、适用范围

本法适用于中华人民共和国领域和管辖的其他海域在核设施选址、建造、运行、退役和核技术、铀(钍)矿、伴生放射性矿开发利用过程中发生的放射性污染的防治活动。

二、立法的目的

为了防治放射性污染,保护环境,保障人体健康,促进核能、核技术的开发与和平利用,制定本法。

防治放射性污染,保护环境,保障人体健康。我国核能与核技术的开发利用在对维护我国国防安全,促进国民经济和社会发展,增强我国的综合国力等方面起到巨大推动作用的同时,由此产生的安全问题和放射性污染防治问题,也越来越突出。主要表现在:一是,我国已有近百座核设施,有些核设施已经进入退役阶段,如果监管不严或者处置不当,其遗留的放射性物质将对环境和公众健康构成威胁。二是,我国现有放射源由于用户多而分散,有的单位管理不善等原因,近年来因放射源使用不当或者丢失放射源导致的放射性污染事故不断发生,造成严重后果。三是,在铀(钍)矿和伴生放射性矿开发利用过程中,由于对放射性污染防治重视不够,缺乏对放射性污染防治的专项管理制度,乱堆、乱放放射性废矿渣的情况时有发生,由此造成的放射性污染事故威胁着环境安全和公众健康。四是,我国已产生了不少放射性废物,虽然国家有放射性废物处置政策,但是,由于缺乏强制性的法律制度和措施,致使对放射性废物的处置监管不力,在一定程度上对环境和公众健康构成了威胁。因此,为了保证经济、社会的可持续发展,在促进核能、核技术开发利用的过程中,必须完善我国放射性污染防治的法律制度,加强对放射性污染的防治,保护环境,保障人体健康。

促进核能、核技术的开发与和平利用。当前,世界上的主要能源是煤、石油、天然气这些化石燃料,但化石燃料不是可再生能源,还要向大气排放大量的二氧化碳。为了实现可持续发展,人类迫切地需要新的替代能源。目前唯一达到工业应用、可以大规模替代化石燃料的能源,就是核能。核能在我国的能源消费结构中也已起着越来越重要的作用。

在核技术应用方面,中国同位素与辐射技术的应用在经历了50年代的开创,60、70年代的应用开发,和80年代以来全面发展三个阶段后,在90年代进入商业化阶段,在农业、工业、医疗等方面的应用也越来越广泛。

因此,在确立立法目的时,既要考虑防治放射性污染,又必须考虑进一步促进核能、核技术开发与和平利用,切实处理好环境保护与经济建设、社会发展的关系,使防治放射性污染与促进核能、核技术开发与和平利用相协调。

三、基本内容

1. 总则
2. 放射性污染防治的监督管理
3. 核设施的放射性污染防治
4. 核技术利用的放射性污染防治
5. 铀(钍)矿和伴生放射性矿开发利用的放射性污染防治
6. 放射性废物管理
7. 法律责任
8. 附则

具体内容详见《中华人民共和国放射性污染防治法》中全文。